U0395102

全株玉米青贮
实用技术问答

农业农村部畜牧业司　　全国畜牧总站◎组编

中国农业出版社
北　京

图书在版编目（CIP）数据

全株玉米青贮实用技术问答 / 农业农村部畜牧业司，全国畜牧总站组编 . —北京：中国农业出版社，2018.7（2020.8重印）

ISBN 978-7-109-23936-4

Ⅰ.①全… Ⅱ.①农… ②全… Ⅲ.①青贮玉米—问题解答Ⅳ.①S513-44

中国版本图书馆CIP数据核字（2018）第035663号

中国农业出版社出版

（北京市朝阳区麦子店街 18 号楼）

（邮政编码 100125）

责任编辑　周锦玉

———————————————

中农印务有限公司印刷　　新华书店北京发行所发行

2018 年 7 月第 1 版　　2020 年 8 月北京第 2 次印刷

———————————————

开本：850mm×1168mm　1/32　　印张：3.875

字数：90 千字

定价：28.00 元

（凡本版图书出现印刷、装订错误，请向出版社发行部调换）

《全株玉米青贮实用技术问答》编委会

主　　任　马有祥

副 主 任　杨振海　孔　亮　石有龙

委　　员　罗　健　王志刚　吴凯锋　田　莉　孟庆翔　杨红建
　　　　　玉　柱　曹志军　王德成　钟　瑾　潘金豹　张养东
　　　　　刘　温　刘宏祥　黄萌萌

主　　编　王志刚　罗　健　孟庆翔

副 主 编　杨红建　黄萌萌　吴凯锋

编　　者　（按姓氏笔画排序）
　　　　　王　倩　王志刚　王封霞　王德成　尤　泳　玉　柱
　　　　　叶炳南　田　莉　司雪萌　刘　帅　刘　温　刘宏祥
　　　　　杨红建　吴　哲　吴　浩　吴凯锋　宋　真　张养东
　　　　　陆　健　陈　强　罗　健　孟庆翔　赵　心　钟　瑾
　　　　　倪奎奎　陶　勇　黄萌萌　曹志军　潘金豹

前言
Preface

为加快推进农业供给侧结构改革，农业农村部坚决贯彻落实中央部署，在中央财政支持下，聚焦"镰刀弯"地区和黄淮海玉米主产区，启动实施了粮改饲工作，以推广全株青贮玉米为重点，构建种养结合、粮草兼顾的新型农牧业关系，促进了草食畜牧业发展和农牧民增收。

全株青贮玉米推广示范应用项目作为粮改饲的重要技术支撑，自2014年启动以来，农业农村部每年安排专项经费，用于开展全株青贮玉米收贮加工技术组装集成和相关产品技术应用示范。4年来，通过项目的实施，组装集成了全株青贮玉米生产和应用成套技术，全面提升了示范养殖场（合作社）的全株青贮玉米生产加工和饲喂技术水平，稳步提高了种植户的玉米种植效益，有效增加了养殖效益，辐射带动了示范点周边区域全株青贮玉米种植和收贮加工，为粮改饲政策实施提供了技术保障。为进一步普及全株玉米青贮知识，加大宣传引导力度，提升青贮玉米生产利用水平，农业农村部畜牧业司、全国畜牧总站在充分总结全株青贮玉米推广示范应用项目丰硕成果的基础上，组织编写了这本技术问答书。

全书共分6篇，分别为全株玉米青贮知识导读篇、原料篇、制作设施设备篇、制作篇、饲用篇和质量安全评价篇。采用一问一答的形式，针对农牧民和养殖场户在全株玉米青贮生产和应用各个环节的常见问题与误区，以清晰直观的图片、通俗易懂的文字进行了逐条解答，帮助农牧民和养殖场户摒弃偏颇认识和误区，推广全株青贮玉米应用技术，促进牛羊增产和农牧民增收。本书图文并茂，实用性、可操作性强，可供畜牧行业工作者和广大农牧民学习、借鉴和参考。

书中难免存在疏漏或不妥之处，敬请读者批评指正。

编者

2018 年 5 月

目录
C o n t e n t s

二、 全株玉米青贮原料篇

三、 全株玉米青贮制作设施设备篇

四、　全株玉米青贮制作篇

五、 全株玉米青贮饲用篇

六、 全株玉米青贮质量安全评价篇

一、

全株玉米青贮
知识导读篇

1 什么是全株玉米青贮？

　　全株玉米青贮是指在玉米籽粒成熟前，利用田间收获的整株带穗玉米为新鲜原料，经过铡短、切碎等加工处理后立即进行填装压实，经过一段时间厌氧发酵而制成的一种便于长期保存的饲料（图1-1 至图1-4）。其具有颜色黄绿、气味酸香、柔软多汁、适口性好、营养丰富等特性，是奶牛、肉牛、肉羊等草食动物的重要纤维性饲料原料。

图1-1　田间收获

图1-2　填装压实

图1-3　发酵前原料

图1-4　发酵后青贮

2 青贮玉米和玉米青贮的表述是一回事吗？

　　青贮玉米是指用于制作玉米青贮饲料的原料，可来自于籽粒玉米、鲜食玉米或青贮玉米。玉米青贮是指利用青贮玉米原料经厌氧发酵后制备好的青贮饲料产品。因此，青贮玉米与玉米青贮是含义不同的两个概念。

3 除了玉米外，还有哪些原料可以用来制作青贮饲料？

　　适合调制青贮饲料的原料有很多种，除了玉米外，一般无毒的新鲜植物和农副产品均可制作青贮饲料，如牧草、树叶、野菜、瓜秧、藤蔓、作物秸秆、农副产品等（图1-5至图1-8），都可以很好地被利用。

图 1-5　牧草

图 1-6　大豆茎叶

图 1-7 高粱

图 1-8 甘蓝

4 青贮发酵至少需要多少天？经过几个阶段才能完成？

青贮发酵一般至少需要 40 天（图 1-9），主要经过以下 5 个阶段。

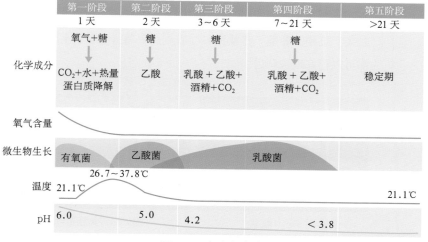

	第一阶段	第二阶段	第三阶段	第四阶段	第五阶段
	1 天	2 天	3~6 天	7~21 天	>21 天
化学成分	氧气+糖 ↓ CO_2+水+热量 蛋白质降解	糖 ↓ 乙酸	糖 ↓ 乳酸 + 乙酸+ 酒精+CO_2	糖 ↓ 乳酸 + 乙酸+ 酒精+CO_2	稳定期
氧气含量					
微生物生长	有氧菌	乙酸菌		乳酸菌	
温度	21.1℃	26.7~37.8℃			21.1℃
pH	6.0	5.0	4.2	< 3.8	

图 1-9 青贮发酵过程

第一阶段：有氧呼吸期

此阶段主要是有氧呼吸和好氧腐败菌繁殖阶段，好氧腐败菌利用残留的氧气大量繁殖，消耗可溶性糖和蛋白质，产生大量热、二氧化碳、氨气等，导致蛋白质、干物质和能量损失。

第二阶段：厌氧微生物竞争期

随着氧气逐渐被耗尽，青贮进入厌氧发酵，厌氧微生物逐渐成为优势菌群。

第三阶段：乳酸菌繁殖期

一般情况下，在全株玉米青贮的3~6天，随着厌氧环境和酸性等其他条件的形成，乳酸菌快速繁殖，总数逐渐达到顶峰。

第四阶段：乳酸积累期

乳酸菌成为青贮中的优势菌群，将可溶性糖转化为大量乳酸和少量乙酸，促使pH下降，大部分有害菌被抑制，只剩下乳酸菌继续生长。随着乳酸积累，青贮pH下降到3.8以下，乳酸菌逐渐停止生长。

第五阶段：稳定期

一旦乳酸菌停止生长，青贮发酵达到最低pH，发酵成分和微生物菌群稳定。

5 参与青贮发酵的微生物有哪些？它们的活性在青贮发酵过程中有何变化？

青贮发酵过程中的微生物主要有乳酸菌（包括乳球菌、乳杆菌、片球菌等）、大肠杆菌、梭菌、酵母菌和霉菌等。在青贮开始时，附着在原料上的酵母菌、霉菌和醋酸菌等好氧性微生物利用植物中富含的可溶性碳水化合物而迅速繁殖，而酵母菌及霉菌等微生物繁殖速度最快。随着氧气的减少，厌氧环境形成后，乳酸菌则迅速繁殖，产生的大量乳酸使得青贮物料的酸度增大，pH 降低，霉菌、酪酸菌等好氧微生物的活性受到抑制。当 pH 下降到 4.2 以下时，大部分有害微生物都停止繁殖，就连乳酸乳球菌的活性也受到抑制，只有耐酸的乳杆菌存在。当 pH 再下降趋于 3.8 时，乳杆菌活性也受到抑制，微生物菌群趋于稳定。而在开窖阶段，部分好氧微生物如酵母菌、霉菌等又可能因再次接触氧气而生长及繁殖，造成二次发酵。

6 青贮饲料在生产应用中有哪些优势？

①可供制备青贮饲料的原料来源广泛。各种青绿饲料、青绿作物秸秆、瓜藤菜秧、高水分谷物、糟渣等，均可用来制作青贮饲料。

②青贮饲料营养价值高。禾本科牧草青贮可以保存牧草中85% 以上的营养物质。而制备干草即使在最好的条件下，也只能保留80% 的养分；若在较差条件下，只能保留50%～60% 的养分。

③单位面积营养物质产量高。在同样面积的土地上种植饲料作物制备青贮饲料，要比收获籽实的营养物质产量高出30%～50%。

④制备青贮饲料不受季节和天气的影响。

⑤青贮饲料制作工艺简单，投入劳力少。

⑥与保存干草相比，制作青贮饲料占地面积小。

⑦青贮饲料经微生物厌氧发酵后具有酸香味，适口性好，动物采食量高。

青贮饲料在生产应用中有哪些不足？

①制备青贮饲料一次性投资较大，如需要建造青贮壕（沟）或青贮窖，以及购买青贮切碎设备等。

②由于青贮原料粉碎细度较小，以及发酵产生乳酸等原因，饲喂青贮饲料过多有可能引起动物乳脂率降低或产生某些消化代谢障碍性疾病，如瘤胃酸中毒等。

③若制作方法不当，如水分过高、密封不严、碾压不实等，青贮饲料有可能出现腐烂、发霉和变质等。

全株玉米青贮饲料是什么味道？为什么动物喜欢吃？

优质的全株玉米青贮饲料气味酸香、柔和，不刺鼻，给人以舒适感；若有刺鼻的酸味或酒味，则说明发酵产生乙酸和乙醇较多，品质较次；若有令人作呕的气味，则说明发酵过程产生过多丁酸；若出现霉味，则说明压实不严，空气进入引起霉变；若有类似猪粪尿的气味，则说明青贮中的蛋白质已大量分解；若腐烂、腐败或发臭，则为劣等，不宜饲喂动物。

青贮饲料发酵过程中产生大量乳酸，抑制其他有害微生物生长，最大限度地保存了原料中的营养成分，同时产生芳香族化合物，具有酸香味，柔软多汁，适口性好，多种草食动物都喜食，采食量高。但应注意全株玉米青贮饲料不宜单独饲喂动物，要与干草或精料混合后进行饲喂。

 全株玉米青贮可以保存多长时间不变质？

全株玉米青贮发酵过程达到稳定期后，随着乳酸积累，当青贮 pH 下降到 3.8~4.2 时，在密封保存条件完好情况下，全株玉米青贮至少可以保存 10 年不变质。

 全株玉米青贮饲料可以饲喂哪些动物？

全株玉米青贮饲料淀粉含量较高，纤维易于消化，能量浓度较一般青绿饲料高，可以作为日粮原料饲喂牛、羊、马、驴、骆驼、鹿等多种草食动物，但是不能作为动物的单一饲粮，否则不利于动物的生长发育。饲喂时应该根据动物的实际需要与精饲料、优质干草搭配使用，以提高瘤胃微生物对氮素和饲料的利用率，以及动物的干物质采食量。

当全株玉米青贮饲料纤维含量比较低时，有时也可以饲喂猪、禽等单胃动物，因为这类动物可以在大肠或盲肠消化纤维类饲料，但在使用过程中需要将全株玉米青贮饲料切碎或者打浆，并且饲喂量应该由少到多，不宜过量饲喂，否则会影响动物的生长速度。

由于全株玉米青贮饲料含有大量有机酸，具有轻泻作用，所以患有肠胃炎的动物要少喂或不喂，动物妊娠后期不宜多喂。发生霉变等劣质的全株玉米青贮饲料对动物健康有害，易造成怀孕动物流产，不能饲喂。

11 全株玉米青贮、玉米秸青贮、玉米秸黄贮和高水分玉米湿贮有什么不同？

（1）全株玉米青贮

全株玉米青贮（图 1-10）指玉米籽粒到达蜡熟期（1/2～3/4 乳线），干物质含量为 30%～40% 时，将整个玉米植株刈割粉碎进行青贮制作。全珠玉米青贮饲料中玉米籽粒质量约占全株总干物质质量的 45%，其消化率可达到 90% 以上；茎叶部分约占全株总干物质质量的 55%，消化率 60%～70%。

（2）玉米秸青贮

玉米秸青贮（图 1-11）指玉米籽粒成熟收获后，将尚处于部分青绿的玉米秸秆（干物质含量 35% 左右）刈割粉碎进行青

图 1-10 全株玉米青贮

图 1-11 玉米秸青贮

贮制作。由于缺乏玉米籽粒，玉米秸黄贮饲料淀粉含量很低，含有部分维生素，主要以纤维性养分为主，消化率较低，适口性次于全株玉米青贮，通常使用传统籽实型玉米品种进行此类青贮。

（3）玉米秸黄贮

玉米秸黄贮（图 1-12）指玉米籽粒成熟收获后，将完全菱蔫的玉米秸秆（干物质含量 60% 以上）刈割粉碎，适量回水后进行密封贮藏。玉米秸黄贮饲料的粗纤维和木质素含量高，可消化利用的有效成分低，但是原料成本十分低廉。此类黄贮饲料一般在肉牛和肉羊饲养过程中的使用率较高。

（4）高水分玉米湿贮

高水分玉米湿贮（图 1-13）指在玉米成熟收获（干物质含量 60%～80%）后，无需干燥而直接进行粉碎密闭贮存。其优点是节省籽粒干燥的费用和可保持谷物原有的营养价值。目前，国内外使用较多的为高水分玉米和高水分大麦湿贮。高水分玉米对于牛的营养价值高于或者等于干燥玉米。

图 1-12　玉米秸黄贮　　　　图 1-13　高水分玉米湿贮

 给草食动物饲喂青贮饲料相当于饲喂有益
菌吗?

　　饲喂青贮饲料不等于饲喂益生菌。虽然青贮饲料中含有较
丰富的乳酸菌,但不是所有的乳酸菌都可以称之为益生菌。益
生菌必须是活的且数目足够多、能在动物胃肠道中发挥益生功
能的一类微生物,具有无致病性和不携带可转移的抗生素基
因等益生特性。此外,品质较差的青贮饲料还可能含有大肠
杆菌、霉菌等腐败微生物,影响动物健康。优质青贮饲料中
乳酸菌活菌数相对较高,饲喂动物可对其健康起到一定有益
作用。

在寒冷的冬季饲喂青贮饲料时，有哪些注意事项？

青贮饲料必须合理搭配精饲料使用，以防止动物采食后，因体内酸碱不平衡而引起酸中毒。当日粮中青贮饲料添加比例比较高时，在精补料加工制作过程中，应加入适量的饲用小苏打及氧化镁。

寒冷的冬季饲喂全株玉米青贮饲料时，要随取随喂，防止青贮饲料结冰，而且冰冻的青贮饲料易引起母牛流产。另外，动物长时间大量摄入冰冻青贮饲料，还会增大体热的供给量。大量的热损失会对动物的呼吸、循环系统及其他方面造成不良影响，引起某些疾病。因此，应待饲料温度回升后再进行饲喂。给动物饲喂全株玉米青贮饲料时，要由少到多，逐渐过渡，慢慢适应。

 在炎热的夏季饲喂青贮饲料时，有哪些注意事项？

在炎热的夏季取用青贮饲料时，要最大限度地限制青贮饲料与空气的接触。取料应迅速，按顺序、分层次从青贮设备中取用。根据动物的饲喂量，合理安排每天的青贮取用量，以保证青贮饲料的新鲜，防止霉变。

饲喂全株玉米青贮饲料时，要注意饲槽的清洁，剩余饲料应及时清除，以防止霉变，影响第二次饲喂。发霉变质的青贮饲料对动物健康有害，而且易造成流产。

二、

全株玉米青贮
原料篇

用于全株青贮的玉米品种在大面积推广前需要通过有关机构审定吗？

根据 2016 年 1 月 1 日起施行的《中华人民共和国种子法》第十五条规定：国家对主要农作物实行品种审定制度，对非主要农作物实行品种登记制度。玉米作为主要农作物之一，品种必须通过国家或省审定，才能大面积推广种植（图 2-1、图 2-2）。国家农作物品种审定委员会从 2004 年开始审定青贮玉米品种，截至 2017 年共审定了青贮玉米品种 28 个。北京、天津、内蒙古、山西、宁夏、河北等省级农作物品种审定委员会也先后审定通过了多个青贮玉米新品种。

图 2-1　主要农作物品种审定证书

图 2-2　农作物品种审定证书

生产上可以用于制作青贮饲料的玉米品种有哪些类型？

　　根据主要用途和审定标准，玉米品种主要分为籽粒玉米、鲜食玉米和青贮玉米 3 大类。其中，籽粒玉米分为普通玉米、高油玉米、高淀粉玉米、优质蛋白玉米和爆裂玉米；鲜食玉米分为甜玉米和糯玉米；青贮玉米分为粮饲通用型青贮玉米、专用型青贮玉米和饲草型青贮玉米。

　　这些类型的玉米都可以用于制作青贮饲料。但是，不同类型的品种在持绿性、干物质产量、营养品质和经济效益等方面差异很大。

哪些类型的玉米适合用于制作全株玉米青贮饲料？

　　粮饲通用型青贮玉米、专用型青贮玉米和饲草型青贮玉米更适合用于制作全株玉米青贮饲料。

　　（1）粮饲通用型青贮玉米

　　粮饲通用型青贮玉米是指既通过了普通玉米品种审定，又通过了青贮玉米审定的玉米。具有普通玉米（图 2-3）籽粒产量高、全株淀粉含量高（35% 左右）、中性洗涤纤维含量较低（40% 以下）的优点，又具有较高的干物质产量和较好的持绿性。

（2）专用型青贮玉米

专用型青贮玉米是指只通过了青贮玉米品种审定的玉米品种。相对于粮饲通用型玉米品种，专用型青贮玉米的籽粒产量和全株淀粉含量较低，但亩*产干物质量高、持绿性好。

不同专用型青贮玉米品种之间营养品质差异较大。全株淀粉含量一般为25%～35%，中性洗涤纤维含量一般为36%～45%。因此，在干物质产量满足要求的前提下，要尽量选用淀粉含量高、中性洗涤纤维含量较低的专用型青贮玉米品种（图2-4）。

图2-3　粮饲通用型玉米

图2-4　专用型青贮玉米

---

* 亩为我国非法定计量单位，1亩 ≈ 667 米^2。——编者注

（3）饲草型青贮玉米

饲草型青贮玉米穗小，籽粒很
少，晚熟。突出特点是植株高大，
持绿性好。但全株淀粉含量一般低
于15%，中性洗涤纤维含量一般高
于55%，不适于在农区大面积种植。
饲草型青贮玉米可在农牧交错和南
方部分地区种植，亦可作为牛、羊
等草食动物青绿饲料直接饲喂，粉
碎打浆加工处理后亦可部分饲喂猪、
鸡等单胃动物（图2-5）。

图2-5 饲草型青贮玉米

哪些类型的玉米适合用于制作秸秆青贮饲料?

一般而言，玉米果穗采收后，只要剩余的茎叶50%比例仍
保持青绿颜色，都可以用来制作青贮饲料。从持绿性、适口性、
可消化性角度而言，更适合用于制作高品质秸秆青贮饲料的玉
米品种类型主要有甜玉米和糯玉米（图2-6和图2-7），二者最
适宜的采收期是授粉后21天左右。但在生产应用中，此类玉
米品种因种植面积有限，其推广应用范围远远低于普通玉米品
种的秸秆青贮饲料制作。大多数普通玉米的秸秆一般多用于秸
秆黄贮，但其适口性、营养品质与全株青贮玉米饲料相比相差
很大。

图 2-6 甜玉米

图 2-7 糯玉米

19 如何选择用于全株青贮的玉米品种？

总体讲，用于全株青贮的玉米应选择生育期适宜、适应性广、抗逆性强、抗病性好、持绿性好、生物产量高、品质优良的品种。

（1）选择通过国家或省审定的品种

未审定的品种在成熟期、干物质产量、营养品质、适应性、抗病性、抗倒性等方面没有经过多年多点试验和综合评价，盲目种植有可能造成大幅度减产，给种植者带来很大的风险。

（2）选择生育期适宜的品种

选择生育期过早的品种，会浪费光热资源，不能获得较高的干物质产量；选择生育期过晚的品种，会显著降低品质。与收获籽粒不同，干物质含量 30%～40% 时是青贮的适宜收获期，干物质含量 35% 时是最佳收获期。

（3）选择抗逆性强、适应性广的品种

由于气候的不可预测性和多变性，要进行多年多点试验，选择在不同环境下都具有较高产量水平和营养品质的玉米品种。

（4）选择抗病耐病品种

病害是造成产量和品质大幅度下降的重要因素之一，生产上一定不要选择对病害高度敏感的品种。玉米的主要病害有大斑病、小斑病、灰斑病、茎腐病、穗腐病等，不同地区主要病害的种类和发病的程度不同。因此，需要根据种植地区的不同选择抗不同病害的品种。

（5）选择持绿性好、生物产量高、品质优良的品种

持绿性好（图2-8和图2-9）有利于延长刈割期，具有良好的适口性；生物产量高，可提高种植者的效益；品质好，可减少精料的添加，降低养殖成本。

图2-8　果穗大　　　　　　图2-9　持绿性好

20 如何测算青贮玉米的干物质产量？全株玉米在田间收获时营养成分应达到什么要求？

　　选择用于全株玉米青贮的品种时，应兼顾干物质产量和营养品质两个方面，二者同等重要。

　　一般用每亩生产干物质的质量来评价干物质产量。收获时先称重得到生物鲜重，然后取样测定干物质含量，干物质产量＝生物鲜重 × 干物质含量（%）。具体做法是：①在适宜收获期，从地上部 20 厘米处全株刈割，称重，得到生物鲜重产量。②测定干物质含量。布袋称重，取样 1 000 克左右，装入布袋，称重；在 105℃ 条件下杀青 2 小时，再用 60℃ 温度烘干至恒重，称重；干物质含量（%）＝［（布袋重 + 烘干后样品重量）－ 布袋重）］ ×100／［（布袋重 + 取样鲜重）－ 布袋重）］。③根据生物鲜重和干物质含量按上式计算每亩干物质产量，以千克表示。

　　用于评价青贮玉米品种品质的指标有很多，最重要的是淀粉含量、中性洗涤纤维含量、中性洗涤纤维消化率、蛋白质含量和酸性洗涤纤维含量。生产上推广的青贮玉米品种在品质上应满足以下条件：在干物质含量为 30%～40% 时收获全株玉米后，全株玉米干物质中淀粉含量不低于 25%，中性洗涤纤维含量不高于 45%，粗蛋白含量不低于 7%。

适合黄淮海夏播区种植的全株青贮玉米品种有哪些？

黄淮海区适宜种植全株玉米青贮的品种类型主要是普通玉米和青贮玉米，饲草型玉米不适宜在该地区种植。具体选择哪个品种，应有 2 年以上的大面积生产试验数据作为选择参考依据。

适合黄淮海区种植的备选品种：郑单 958、浚单 20、登海 605、裕丰 303、大丰 30、中地 88、蠡玉 88、秋乐 368、隆平 206、新科 910、先玉 1658、九新 631、雅玉青贮 8 号、北农青贮 368、北农青贮 3651、渝青 386、正饲玉 2 号、京科青贮 932、京科 968、成青 398、大京九青贮 3912。

适合华北中晚熟春播区种植的全株青贮玉米品种有哪些？

华北中晚熟春播区适宜种植全株玉米青贮的品种类型主要是普通玉米和青贮玉米，饲草型玉米不适宜在该地区种植。具体选择哪个品种，应有 2 年以上的大面积生产试验数据作为选择参考依据。

适合华北中晚熟春播区种植的备选品种：天农九、裕丰 303、翔玉 998、大丰 30、东单 1331、宏硕 899、良玉 99、京科 968、京农科 728、先玉 335、京科青贮 516、京科青贮 932、豫青贮 23、大京九 26、北农青贮 368、北农青贮 208、北农青贮 3651、玉龙 7899、先玉 1692、东科 301、先玉 1580、金艾 130、KXA 4574、京科青贮 205、雅玉青贮 1281、利禾 1。

23 适合西北春播区种植的全株青贮玉米品种有哪些？

西北春播区适宜种植全株玉米青贮的品种类型主要是普通玉米和青贮玉米，饲草型玉米不适宜在该地区种植。具体选择哪个品种，应有 2 年以上的大面积生产试验数据作为选择参考依据。

适合西北春播区种植的备选品种：大丰 30、KWS3376、陇单 339、金穗 3 号、陕单 609、先玉 696、五谷 568、先玉 335、豫玉 22、正饲玉 2 号、陇青贮 1 号、陇单 4 号、中玉 335、大京九 26、北农青贮 368。

24 适合西南春播区种植的全株青贮玉米品种有哪些？

西南春播区适宜种植全株玉米青贮的品种类型主要是普通玉米和青贮玉米，饲草型玉米可在该地区种植。具体选择哪个品种，应有 2 年以上的大面积生产试验数据作为选择参考依据。

适合西南春播区种植的备选品种：渝单 30、渝单 8 号、成单 30、五谷 1790、康农 108、中单 808、雅玉 889、正大 619、正大 999、迪卡 018、迪卡 008、贵单 8 号、康农 007、涿单 18、中玉 335、荣玉青贮 1 号、成青 398、饲玉 2 号、渝青玉 3 号、渝青贮 8 号、渝青 386、渝青 506、渝青 389、成青 398、荣玉青贮 1 号、雅玉青贮 8 号、雅玉青贮 988、曲辰九号、北农青贮 368、盘江 7 号。

25 青贮玉米的播种密度与常规籽粒型玉米有何不同？

种植密度受品种特性、土壤肥力、气候条件、管理水平等因素的影响。不同品种有不同的种植密度要求。例如，株型紧凑的品种，种植密度可以大一些；植株高大、叶片较平展的品种，种植密度不宜过高；土壤地力较低、施肥量较少的地块，种植密度不宜高；地力肥沃、施肥量较多的丰产田，种植密度可高一些。种植密度与土质也有关系，阳坡地和沙壤土地宜密，低洼地和重黏土地宜稀。精细管理宜密，粗放栽培偏稀为好。

高密度种植有利于提高青贮玉米的产量，同时会导致干物质含量下降、果穗变小和晚熟，从而降低青贮玉米的品质。因此，合理的种植密度至关重要。与普通玉米比较，青贮玉米的种植密度每亩提高 500～1 000 株。综合考虑，东华北中晚熟春播区域和黄淮海夏播区域最佳种植密度为 5 000～5 500 株／亩，南方春玉米区域最佳种植密度 4 500 株／亩。

26 保障玉米种植时苗全、苗匀、苗壮的关键技术有哪些？

（1）选择种子活力高的种子

选择成熟度好、饱满、大小均匀、活力高的种子是保证田间苗全、苗齐、苗壮的内在因素。同时，要求种子纯度不低于96%，净度不低于98%，发芽率不低于85%，水分含量不高于13%。

（2）种子一定要进行包衣处理

种衣剂一般由杀虫剂、杀菌剂、微肥和附加成分组成，种衣剂处理能有效控制地下害虫和病原的侵染，保证玉米苗期健康成长。

（3）播种时间和深度

播种时间不宜过早和过晚，过早易发生冻害，过晚易遭受秋霜。当土壤表层 5～10 厘米地温稳定在 10～12℃或以上，土壤田间持水量为 65% 左右时可以播种。播种深度要根据土壤墒情和质地来决定，一般 4～6 厘米合适。

（4）及时除草

玉米播种后，及时用乙草胺或莠去津等除草剂封地；出苗后也可用莠去津加硝磺草酮等除草。除草剂用量及时间要按说明书使用，切忌过量，造成药害。

（5）苗期管理（图 2-10）

出苗后保持苗期土壤适度干旱，俗称蹲苗，有利于培育壮苗和玉米苗期根系生长。蹲苗时间保持 10～20 天，拔节前结

图2-10　苗期管理

束。在3~4叶时间苗，4~5叶时定苗，防止幼苗互相拥挤，浪费养分和水分。喇叭口期注意防治玉米螟和黏虫。

27 **全株玉米青贮与全株高粱青贮的干物质产量和营养价值有何不同？**

　　高粱具有抗旱、耐涝、耐盐碱、耐瘠薄、耐高温、耐干热风等优点，热带、亚热带和温带地区均可种植，尤其是在一些气候条件不利、生产条件不好的地区，如干旱地区、半干旱地区、低洼易涝和盐碱地区、土壤贫瘠的山区和半山区均可种植。高粱果穗籽实在全株中比例较小，营养主要贮存在茎叶之中，且不同高粱品种，其营养品质也存在很大差异。一般而言，与全株玉米相比，全株高粱含糖量较高，但淀粉含量低、中性洗涤纤维含量高、木质素含量高、中性洗涤纤维消化率低。因此，在适宜种植玉米的地区应优先种植玉米，在干旱、低洼、盐碱、土壤贫瘠等不适合玉米生长的地区可选择种植高粱。

三、

全株玉米青贮制作
设施设备篇

全株玉米青贮机械化作业流程可划分为哪几部分?

全株玉米青贮全程机械化作业（图 3-1），根据农艺要求和作业顺序，可分为种子工程、土地耕整、精密播种、田间管理、刈割收获、运输、青贮储藏，以及加工利用 8 部分。

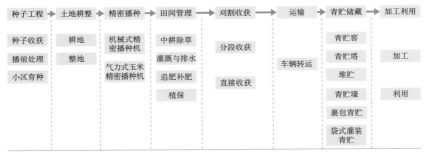

图 3-1　全株玉米青贮全程机械化技术路线

 播种前，全株青贮玉米种子需要进行哪些处理？用到哪些机械？

全株青贮玉米种子播种前的处理，主要包括干燥、预加工、清选分级、选后处理、称重包装、贮存等工序，其目的是筛选出生命力旺盛的优质种子，提高出苗率和农作物产量。

全株青贮玉米种子播前处理过程中用到的主要机械包括收获机械、清选机械、晒种机械，以及拌种包衣机械等。

30 全株青贮玉米精密播种有哪几种方式？各有什么特点？

全株青贮玉米精密播种方式（图 3-2）可分为以下 3 种。

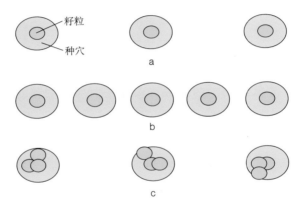

图 3-2 精密播种方式示意图
a. 全株距精密播种 b. 半株距精密播种 c. 半精密播种

（1）全株距精密播种

单粒点播，出苗整齐，一致性好，无需间苗，适用于土壤条件好、种子纯度高、发芽率高、病虫害防治较好的地块。

（2）半株距精密播种

按照播种要求株距的一半进行精密播种，可提高保苗率，间苗耗用数量少。

（3）半精密播种

每穴下籽 1~3 粒，保证绝大部分穴内有种苗 1 株以上。

31 全株青贮玉米精密播种机械有哪些？

根据排种原理不同，全株青贮玉米精密播种机械可分为机械式精密播种机和气力式精密播种机。

（1）机械式精密播种机

机械式精密播种机分为勺轮式精密播种机（图3-3）和指夹式精密播种机（图3-4）。勺轮式精密播种机结构简单，伤种率低，通用性好；指夹式精密播种机播种精度高，作业速度快，但结构较为复杂。

（2）气力式精密播种机

气力式精密播种机（图3-5）分为气吸式精密播种机和气压式精密播种机，其中气吸式精密播种机应用较为广泛。气力式精密播种机所采用的排种器主要利用气流压力差从种子室攫取单粒种子并依次将其排出，具有不伤种子、对种子外形尺寸要求不严、整机通用性好等特点。

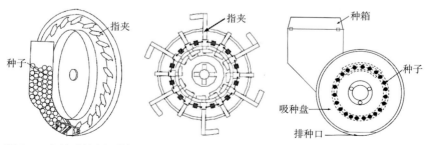

图3-3　勺轮式精密播种机　图3-4　指夹式精密播种机　图3-5　气力式精密播种机

32 全株青贮玉米土地耕整机械有哪些？

全株青贮玉米土地耕整机械，可大致分为耕地机械与整地机械。

（1）耕地机械

耕地机械主要包括铧式犁、深松机、翻转犁、开沟机、圆盘犁、凿式松土机、旋耕机等。目的在于通过翻转土层，把前茬作物残株和失去结构的表层土壤翻埋下去，而将耕层下部未经破坏的土壤翻上来，以达到恢复土壤团粒结构的作用。

（2）整地机械

整地机械主要包括圆盘耙、合墒器、灭茬机等，用于进一步破碎土块、松碎土壤、平整地面并压实土层，混合化肥、除草剂等，从而达到消灭杂草和病虫害、保持土壤水分的目的，并通过改良土壤为作物的生长创造良好的条件。

33 用于全株青贮玉米田间管理环节的作业机械包括哪些？

全株青贮玉米在中期田间管理时，需进行中耕除草、灌溉、追肥补肥、植保4个机械作业环节。

（1）中耕除草

中耕除草可利用单翼铲与双翼铲相配合的作业机械进行作

业，能够有效去除种植区域内的杂草。

（2）灌溉

灌溉机械根据作业方式与适用地块大小，分为卷盘式灌溉机、平移式灌溉机、指针式灌溉机。

（3）追肥补肥

追肥补肥机械可分为深施追肥机、撒肥追肥机和喷灌追肥机。

（4）植保

植保机械常用的有植保无人机和自走式喷杆喷雾机等。

 34 全株青贮玉米机械收获方式包括几种？

全株青贮玉米机械收获方式主要包括以下 2 种。

（1）分段收获法

分段收获法指将收获过程分成收割和切碎两个独立作业工序，先在田间收割玉米植株，再将收割后的物料运输至青贮储藏设施进行切碎处理。

（2）直接收获法

直接收获法指利用联合收获机械在田间一次性完成收割、粉碎和抛送等工序，再由运输车辆将收割和粉碎后的全株青贮玉米物料运送至青贮储藏设施进行青贮，是目前较为普遍的收获方式。

35 **自走式全株青贮玉米收获机的工作流程是什么？包括哪些机械类型？**

　　自走式全株青贮玉米收获机（图3-6）是集收获、粉碎、抛送功能为一体的全株青贮玉米收获机械，全株青贮玉米经切割、碾压、粉碎和抛送等工序，变成用于青贮的小段茎秆。

　　自走式全株青贮玉米收获机根据收割器的不同，可分为往复式、圆盘式、链齿式和滚刀式。

　　（1）往复式

　　往复式收获机结构简单，适应性广，但震动较大，刀具磨损严重。

　　（2）圆盘式

　　圆盘式收获机切割速度高，回转平稳，但割茬不齐，主要用于窄幅收割。

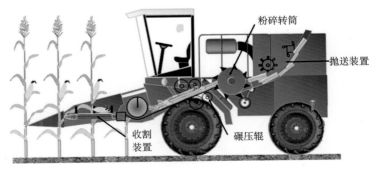

图3-6　自走式全株青贮玉米收获机工作流程

（3）链齿式

链齿式收获机由往复式收获机改进而来，其刀片单向运动，震动较小，割茬整齐，可用于宽幅作业。

（4）滚刀式

滚刀式收获机主要用于收获倒伏作物，捡拾率高，含土量少。

 36 全株青贮玉米收获机中籽粒破碎装置的工作原理是什么？

在进行全株青贮玉米田间收获时，不仅要对玉米茎叶进行切断粉碎，同时还要最大限度实现其籽粒的破碎，全株青贮玉米收获机可通过配备籽粒破碎装置（图3-7）来实现上述功能。

籽粒破碎装置工作时，两个辊轮相对旋转，对全株青贮玉米籽粒产生碾压、剪切和揉搓效果，继而实现籽粒的破碎，同

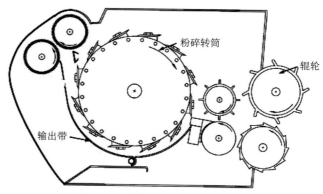

图3-7 籽粒破碎装置工作原理

时也会对切碎后的秸秆产生揉搓效果。破碎后的籽粒平均粒度减小，相对表面积增大，有利于动物的采食和对全株青贮玉米淀粉的有效消化吸收。

37 全株青贮玉米有哪些青贮储藏设施？

青贮储藏设施一般可分为青贮窖、青贮壕、青贮塔、平面堆积青贮设施、裹包青贮设施和袋式灌装青贮设施6种。

（1）青贮窖

青贮窖（图3-8）是一种最常见、最理想的青贮方式。虽然一次性投资较大，但窖体基础设施坚固耐用，使用年限长，可常年制作，储藏量大，一般适合青贮饲料使用量较大的中大型养殖场。

（2）青贮壕

青贮壕（图3-9）优点是建造简易，成本低；缺点则是饲草损失率高，不适于地下水位高、气候多雨潮湿的地方。

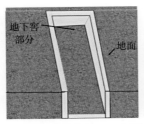

图3-8 青贮窖地下示意图

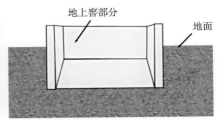

图3-9 青贮壕示意图

（3）青贮塔

青贮塔（图 3-10）占地面积小，填装时需要专用的物料提升机械，因而一次性投入成本与制作造价偏高，适用于机械化水平较高、土地使用面积有限、饲养规模较大、经济条件较好的饲养场。

（4）平面堆积青贮设施

平面堆积青贮设施（图 3-11）占地面积较大，几乎无需基础设施投入，青贮制作投入成本低，一般适于青贮饲料使用量很大、养殖土地使用面积很大且暂无长期青贮设施使用计划的大型规模化养殖场。

图 3-10　青贮塔

（5）裹包青贮设施

裹包青贮设施（图 3-12）适用于青贮使用量较少、养殖场土地面积有限、养殖规模较小的农户或小规模养殖场。其原理是将粉碎好的青贮原料用打捆机进行高密度压实打捆，然后通过裹包机用拉伸膜包裹起来，从而创造一个厌氧的发酵环境，最终完成乳酸发酵过程。

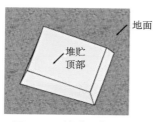

图 3-11　堆贮示意图

图 3-12　裹包青贮

（6）袋式灌装青贮设施

袋式灌装青贮设施（图3-13）不用建窖设库，具有可在雨季作业等优点。其原理是利用袋式灌装机将切碎后的青贮原料以较高密度压入专用的青贮袋中，进行封口发酵。

图3-13　袋式灌装青贮

38　青贮窖基础设施建造时有哪些注意事项？

根据地势及地下水位，可将青贮窖分为地下、地上和半地下3种形式。在基础设施建造时须注意：

（1）选址

一般要在地势较高、地下水位较低、背风向阳、土质坚实、离畜舍较近、制作和取用青贮饲料方便的地方建造青贮窖基础设施。

（2）青贮窖形状与大小

青贮窖的形状一般为长方形，窖的深度、宽度和长度可根据所养牛羊的数量、饲喂期和需要储存的饲草数量进行设计，一般每立方米窖可青贮全株玉米 500～600 千克。

（3）青贮窖墙壁

表面要平整且要有足够厚度与强度，最好使用石头与混凝土垒砌，建议使用钢筋混凝土结构，有利于全株青贮原料装填压实。

（4）青贮窖底部

窖底部从一端到另一端须有一定的坡度，或一端建成锅底形，以便排除多余的汁液。

39 覆盖青贮窖的选材有什么要求？用旧轮胎压实有什么好处？

青贮窖常用塑料膜进行覆盖，要求塑料膜厚度在 0.12 毫米以上，有较好的延伸性与气密性；同时，使用黑色膜有利于保护青饲料中的维生素等营养成分。对于土窖，还须用塑料薄膜垫底。

青贮窖的顶部在用塑料膜覆盖后，用旧的汽车轮胎压住塑料薄膜，可对青贮窖进行二次密封，密封效果良好，能够减少干物质的损失。此外，轮胎可以一分为二切开使用，不仅可减少雨水在整个轮胎中的积聚，而且可减少轮胎的使用数量。

40 什么是拉伸膜裹包青贮技术？工艺中包括哪几种机械？

　　拉伸膜裹包青贮是将收割好的全株青贮玉米用捆包机进行高密度的压实打捆，然后再用专业的拉伸膜缠绕裹包，从而形成一个最佳的发酵环境。全株青贮玉米在经过这样打捆和裹包之后处于密封状态，乳酸菌大量繁殖并产生乳酸，3～6 周后 pH 降到 3.8 以下，此时所有的微生物均停止活动，青贮发酵完成，从而取得满意的青贮效果。

　　拉伸膜裹包青贮生产工艺中主要包括全株青贮玉米收获机、打捆机、揉搓机和裹包机等机械。

41 全株青贮玉米在进行打捆作业时，所用主要机械是什么？有什么特点？

　　全株青贮玉米通常使用圆捆机进行青贮打捆作业，其目的是将粉碎后的全株青贮玉米压实缠绕成型，以方便储藏运输。圆捆机按结构可分为外缠绕式和内缠绕式两种。外缠绕式圆捆机结构简单，草捆内松外紧；内缠绕式圆捆机结构相对复杂，草捆内紧外松。两种缠绕方式成型原理见图 3-14 和图 3-15。

图 3-14　圆捆机外缠绕成型原理

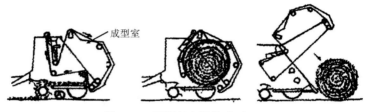

图 3-15　圆捆机内缠绕成型原理
（引自杜韧、张立志, 2007）

全株青贮玉米在收获过程中可通过什么装置完成青贮添加剂的添加作业?

全株青贮玉米在青贮饲料制作过程中需加入一定量的添加剂, 以降低秸秆在青贮过程中的营养物质损失, 防止腐败, 保证和提高青贮饲料的质量。目前部分青贮玉米收获设备具备添加剂喷洒装置, 配备在粉碎装置之后, 可在青贮玉米秸秆粉碎后、打包裹膜前, 将添加剂均匀地喷洒到饲料中。喷洒装置主要包括储液箱、软管、喷头等结构, 多与青贮玉米收获机、铡草机等装置进行配套作业, 所占体积小, 效率高, 喷洒量可控, 均匀度有一定保障。

43 青贮压制设备都有哪些？各有什么特点？

压制设备多采用拖拉机来完成，主要分为轮式和链轨式。

（1）轮式设备

轮式设备具有碾压面平整光滑、设备操作灵活等特点，但其爬坡能力较弱，在一定程度上增加了压窖时间。

（2）链轨式设备

链轨式设备具有爬坡性能好、压窖作业时间短等优点；但其推铲与车身宽度不一致，导致难以压实窖墙部分，同时链轨式设备对青贮窖地面的损伤也较大。

44 目前市场上国家支持推广的全株青贮玉米收获机主要有哪些？

目前市场上有一部分由国家支持推广的全株青贮玉米收获机，其生产厂家与机型系列见表3–1。

表3-1 国家支持推广的全株青贮玉米收获机型

生产厂家	生产机型	生产厂家	生产机型	生产厂家	生产机型	生产厂家	生产机型
中联重机股份有限公司	4YZ系列 4YZL系列	石家庄天人农业机械装备有限公司	4YZ系列	山东大丰机械有限公司	4YZP系列	佳木斯常发佳联农业装备有限公司	4YZ系列
郑州中联收获机械有限公司	4YZ系列	石家庄江淮动力机有限公司	4YZ系列 4YZP-3X	山东常林农业装备股份有限公司	4YZP系列	吉林省亚亨农牧科技发展有限公司	4YZP(H)-2
浙江柳林农业机械股份有限公司	4YZ-4	上海世达尔现代农机有限公司	4QYD-2A	山东常发工贸有限公司	4YZP-2	吉林省东风机械装备有限公司	4YZ系列
赵县金利机械有限公司	4YZP系列	陕西渭恒农业机械制造有限公司	4YZ系列 4YZB系列	山东奥泰机械有限公司	4YZ系列	黑龙江红兴隆机械制造有限公司	4YZ系列
约翰·迪尔(佳木斯)农业机械有限公司	4YZ系列 4YL系列 4YZ系列	山西中天农机械制造有限公司	4YZB系列	青岛豪特农机制造有限公司	4YZQ-3	河南远邦机械有限公司	4YZP-2
禹城中科华凯机械有限公司	4YZP系列	山东玉米农业装备有限公司	4YZ系列 4YZB系列	青岛广汇润丰汽车装备有限公司	4YZP系列	河南沃德机械制造有限公司	4YZ-4B 4YZB-3
许昌丰神汽车有限责任公司	4YZ-4	山东玉丰农业装备有限公司	4YZ-3 4YZP系列	齐齐哈尔市全联重型锻造有限公司	4YZ-4	河南省乐万家机械制造有限公司	4YZ系列

（续）

生产厂家	生产机型	生产厂家	生产机型	生产厂家	生产机型	生产厂家	生产机型
新乡市花溪机械制造有限公司	4YZ 系列 4YZT 系列 4YZB 系列	山东勇马重工有限公司	4YZP 系列	濮阳市农发机械制造有限公司	4YZ 系列	河南豪丰机械制造有限公司	4YZ 系列
新疆中收农牧机械有限公司	9Q 系列	山东英胜机械有限公司	4YZFP-2	宁夏威骏车辆装备制造有限公司	4YZ 系列	河北中农博远农业装备有限公司	4YZ 系列 4YZB 系列
新疆机械研究院股份有限公司	4YZB 系列	山东五征集团有限公司	4YZP 系列	宁晋县润风农机制造有限公司	4YW-3	河北昭达机械有限公司	4YZP 系列
襄垣县仁达机电设备有限公司	4YZX-2B	山东时风（集团）有限责任公司	4YZP 系列 4YZLT-4	宁津县庆丰农业机械制造有限公司	4YZP-2	河北英虎农业机械制造有限公司	4YZB 系列
舞钢市星河机械制造有限责任公司	4YZP-2	山东时风（集团）聊城农业装备有限公司	4YZ 系列 4YZP 系列	宁安市中凌机械装备有限公司	4YZ 系列	河北益农机械制造有限公司	4YZB-2J
武城县志鑫机械有限公司	4YZP 系列	山东润源实业有限公司	4YW-3 4YZ 系列	洛阳中收机械装备有限公司	4LZY 系列 4YZ 系列	福田雷沃国际重工股份有限公司	4YL-4E

（续）

生产厂家	生产机型	生产厂家	生产机型	生产厂家	生产机型	生产厂家	生产机型
沃得农机（沈阳）有限公司	4YZ系列 4YZB系列	山东瑞泽重工有限公司	4YZP系列	洛阳市洛柴发动机有限公司	4YZP系列	敦化市方正农业机械装备制造有限责任公司	4YZ-2
潍坊华夏拖拉机制造有限公司	4YZ-2	山东宁联机械制造有限公司	4YZ系列 4YZP系列	洛阳市博马农业工程机械有限公司	4YZ-4C 4YZP-3	德州烨龙农业机械制造有限公司	4YZP系列
潍坊大众机械有限公司	4YZ系列	山东雷鸣重工股份有限公司	4YZB系列	洛阳路通农业装备有限公司	4YZ系列 4YZP-2	德州舜清农业机械有限公司	4YZP-2
潍坊昌荣机械有限公司	4YZ系列	山东科乐收金亿农业机械有限公司	4YZ系列 4YZP系列	洛阳福格森机械装备有限公司	4YZ系列	德州市福沃农业机械有限公司	4YZP系列
瓦房店明运农机装备有限公司	4YZ系列	山东巨明机械有限公司	4YZ系列 4YZP系列	辽宁实丰机械有限公司	4YZ系列	德州金彬机械有限公司	4YZP-2
天津勇猛机械制造有限公司	4YZ系列 4LY系列 4YZ系列	山东金富尔机械有限公司	4YZ系列	莱州市金达威机械有限公司	4YZ系列 4YZP-3D	德州海伟机械有限公司	4YZP系列
汤阴县薛氏机械装备有限公司	4YZ系列	山东国丰机械有限公司	4YZFP-3 4YZP系列	酒泉市铸陇机械制造有限责任公司	4YZ-2B	德州春明农业机械有限公司	4YZP系列 4YZQP系列

（续）

生产厂家	生产机型	生产厂家	生产机型	生产厂家	生产机型	生产厂家	生产机型
松原市奥瑞海山机械有限公司	4YZQ-4 4YZ 系列 4YZH-4 4YZQH 系列	山东福尔沃农业装备股份有限公司	4YZ 系列	久保田农业机械（苏州）有限公司	4YZ-3	沧州田霸农机有限公司	4YZB 系列
爱科大丰（荥州）农业机械有限公司	4LZ-2.6Y 4YZP 系列 4YZ 系列	山东丰神农业机械有限公司	4YZP 系列	九方泰禾国际重工（青岛）股份有限公司	4YZ 系列	白城市新农机械有限责任公司	4YZH-2
山东德农农业机械制造有限责任公司	4YZ-2 4YZP-2	江苏沃得农业机械有限公司	4YZ 系列 4YZB 系列	霸州市翰马神农业机械制造公司	4YZ-2B		

45

45　制作玉米青贮的密封材料有哪些要求？

　　堆式青贮饲料窖顶密封材料要求较高，通常需用专用黑白膜和透明薄膜覆盖两层。透明薄膜为厚度 0.2 毫米的聚乙烯薄膜，直接覆盖在青贮饲料表面，其上为黑白膜。黑白膜主要起密闭的作用，通常厚度为 0.12 毫米以上，需要足够强度和耐温度变化能力。使用中需要白色面朝外，黑色面向内。两幅黑白膜连接处须有不少于 1 米互相交叉，接头处须清理干净并用耐热胶水粘牢（图 3-16）。最后在接口处用准备好的沙袋或废旧轮胎等，依次压实，防止雨水和空气的进入（图 3-17）。

　　袋式青贮是国内外逐渐流行的一种青贮制作方法。具体方法是选用厚度 0.2 毫米以上的塑料膜做成圆筒形袋（有的袋上还配有单向阀，用于排液和排气），与相应的袋装青贮机械配套，装入水分适中原料，排尽空气，封紧扎口即可。

图 3-16　青贮堆表面覆盖的黑白膜接口部分用耐热胶带（胶水）密封

图 3-17　青贮堆表面需用轮胎压实，接口部分用沙袋压实

　　裹包青贮使用的膜应具有较强的抗拉伸、耐撕裂和耐穿刺等特点，以保证青贮裹包过程中不破损，一般用线性低密度聚乙烯等材料制成。另外，为了保证裹包的动作流畅，裹包膜应质地柔软。有时裹包后青贮包需要存放于野外，因此需要裹包膜有较好的抗紫外线和抵御温度变化的能力。这就要求膜不透明、透光率低，能避免热量积累，同时还具有寒冷环境下耐低温、不脆化、防冻裂的性能。

四、

全株玉米青贮
制作篇

46 全株玉米青贮制作流程一般包括哪几个主要环节？

　　全株玉米青贮制作的一般流程（图4-1）包括收割、切碎、原料运输、装填、压实、密封和贮藏等主要环节；在固定地点（青贮设施附近）切碎后制作时包括原料收割、整株原料运输、切碎、装填、压实、密封和贮藏等主要环节。为了兼顾全株玉米原料的产量和质量，一般应在蜡熟期（1/2～3/4乳线期）收割，利用专用青贮收获机同时进行玉米植株的收割切短及玉米籽粒的破碎，然后将处理好的全株玉米原料运回青贮现场并装填在青贮设施中，一边装料一边压实，装料和压实呈楔形推进，在装料前于青贮窖两侧先铺设塑料薄膜，底部稍留长让原料压住，同时预留可盖住顶层的长度，装压好后及时密封再用旧轮胎等材料压实。

青贮设施的　▶　原料收割　▶　装填、压　▶　开封后
贮前准备　　　　和运输　　　　实和密封　　　饲喂

图4-1　全株玉米青贮制作流程

47 全株玉米青贮制作前有哪些准备工作要做？

制作全株玉米青贮前需要从设施、原料、机械、人员方面做好准备工作。

①根据养殖动物种类及数量规划好全株玉米青贮的需要量，准备相应容积的青贮设施，配齐密封用塑料青贮膜和压实使用的旧轮胎、砂石袋或其他适宜材料等。制作青贮饲料前，必须清理青贮设施，并保持干净卫生。

②落实好青贮玉米原料来源。原料收割前，对田间全株玉米原料的品质进行整体评价，如果观察到发霉、病株或受损植株，收割时应避开该区域。

③联系或维修青贮机械。青贮前调试好机械，并保证配套化。准备并调试好玉米青贮收获机（具备籽实破碎装置）、运输车、压实车等，保证收割时相关青贮机械能够正常作业。为了进一步保全青贮养分，还应提前准备好添加剂及相关喷洒设备。机械在使用前应彻底清洗，防止有害微生物的污染。

④青贮作业期短、工作量大，需要配备足够的人员。

48 收获全株玉米制作青贮时，对原料含水量有什么要求？判断方法有哪些？

青贮玉米收获时适宜含水量为 65%～70%。如果水分含量过高，原料切碎时汁液流出，可溶性营养物质损失多，且易造成不良发酵，青贮发臭发黏，污染环境。如果水分含量过低，原料可消化营养物质较少，且制作青贮时不易压实，使设施内残存较多空气，好氧性微生物大量繁殖，青贮饲料发霉腐败。全株玉米青贮原料水分含量除了可以利用微波炉等装置快速检测外，也可以通过手握方式大体判断（图 4-2）。抓一把青贮原料，用力握紧 1 分钟左右，如果有渗出液，且松手后青贮玉米仍呈球状，则含水量为 75%～80%；如果松手后草球缓慢散开，手上无水，则含水量为 65%～75%；如果草球快速散开，则含水量在 65% 以下。

含水量 75%～80%

含水量 65%～75%

含水量 65% 以下

图 4-2　手握方式判断青贮原料水分含量

49 生产实践中，怎样根据玉米籽粒的乳线位置判断全株青贮玉米的适宜收获期？

玉米生长处于乳熟期时，乳线（图 4-3）位置在 1/3 处，此时籽粒透明，胚乳呈乳状至糊状，干物质含量为 24%～28%；处于蜡熟期时，乳线位置在 1/2 处，胚乳呈蜡状，籽粒干重最大化增长。蜡熟期全株玉米具有较高的干物质和淀粉含量，青贮玉米饲料淀粉含量与产奶净能、产奶量皆呈正相关，故全株玉米青贮最佳收割期为蜡熟期，即乳线 1/2～3/4 处，此时干物质含量为 30%～35%，淀粉含量也处于较高水平，玉米籽实出现凹陷，指甲掐不动。

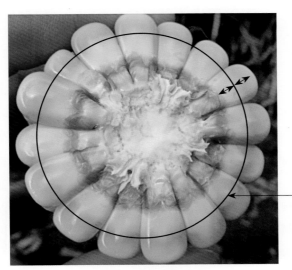

胚芽背面的乳线

图 4-3　玉米籽粒的乳线

50 全株青贮玉米收获时植株的适宜留茬高度是多少？

全株青贮玉米收获时留茬高度应大于 15 厘米，最佳留茬高度为 15～20 厘米。留茬高度过低会增加青贮玉米纤维、木质素与灰分含量，降低全株玉米青贮饲料养分含量和消化率，并导致将青贮玉米根部的泥土带入青贮中，造成霉菌、酵母菌、梭菌等不良微生物污染，影响青贮玉米饲料质量，且会增加青贮中硝酸盐含量；留茬过高则青贮产量降低，影响种植者的经济效益。

51 全株青贮玉米收获机械为何要配备籽粒破碎装置？如不配备，损失有多大？

玉米籽实经破碎，可增加全株玉米青贮压实度，提高玉米淀粉利用率，避免动物挑食，更易消化，有利于动物吸收。如果玉米籽粒破碎不完全，就会影响全株玉米青贮的发酵品质及动物的消化利用，浪费大量营养物质，所以在制作全株玉米青贮时一定要进行籽粒破碎。未破碎的玉米籽实消化率低，经过籽粒破碎的全株玉米青贮淀粉消化率最高可达到 95% 以上。如果不配备籽粒破碎装置，则将影响玉米籽粒的消化利用，籽粒中不能被消化的比例在 20% 左右。

规模化养殖企业用大型机械收获青贮玉米时，需要注意哪些事项？

①收获作业前应对作业地块内的沟渠、田埂进行平整，确保高度在10厘米以内，防止损坏收获机械的护刃器和切割器，将地块表面的铁块、铁丝以及其他硬物捡净，防止机器的切碎和籽粒破碎部件发生损坏。

②作业前应调整好机械切割青贮原料的长度，收割青贮玉米应把长度调短，使通过机械碾压、切碎后的玉米茎秆和籽粒破口或破碎，以便进行青贮和利于动物进食后营养消化吸收。

③调整好籽粒破碎辊间隙，一般为1~2毫米，以利于籽粒的破碎和提高机械的作业速度。

④提高机械利用效率，尽量减少空行和机器转弯。

⑤根据装备给定的生产率，并结合田间的实际产量，调整机器以适宜的速度行走。

⑥在作业峰值期，按青贮玉米收获工作量来配备机械，一般按正常作业的30%增大配备量。

⑦根据装备的要求选择适合的动力，动力过大容易使机件损坏，动力过小又无法使装备正常运转。

⑧在土壤含水量较低的情况下进地作业，在固定车道作业，以减少机械对土壤的大面积压实。

⑨操作人员在使用装备前必须经过适当培训，确保其了解并熟悉安全操作规程及机器的性能，且必须先对装备进行适当的调试和保养，并经过试割后，才能够正式投入使用。

⑩收割完全结束后，彻底清洗玉米青贮收获机，并入库保存。

53 中小规模养殖场用铡草机切割全株青贮玉米制作青贮时，需要注意哪些事项？

　　将收割后的全株青贮玉米立即运到青贮窖附近，并用铡草机将其铡成长度为1~2厘米小段，用青贮分级筛检测青贮质量。

　　经过青贮分级筛（图4-4）后，各个小段所占比例要求如下：第一层筛网（>19毫米）上的饲料比例为3%~5%；第二层筛网（8~19毫米）上的饲料比例为45%~65%；第三层筛网（1.18~8毫米）上的饲料比例为30%~50%；底盘（<1.18毫米）上的饲料比例应不超过5%。中间两层筛网上饲料比例应该大，而第一层和底盘的饲料比例应该小。尽量集中原料、人力

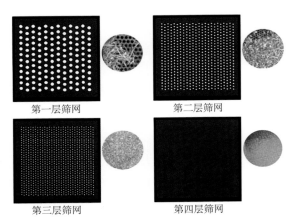

第一层筛网　　　　　　　　第二层筛网

第三层筛网　　　　　　　　第四层筛网

图4-4　青贮分级筛

和时间，铡草机生产效率大致保持在 2.5 吨／小时。要严格掌握铡草机的使用方法，确定专人专机，以确保安全操作。

54 全株青贮玉米的切碎长度有什么要求？

全株青贮玉米适宜的切碎长度既可保证反刍动物所需的有效纤维，也可保证在制作过程中压实达到一定装填密度。另外，全株青贮玉米的切碎，有利于充分进行无氧发酵，切碎过程使植物细胞液渗出，糖分流出，利于乳酸菌的繁殖，提高青贮质量。但全株青贮玉米的切碎长度不能过短，小于 0.4 毫米时，有效纤维过低，会导致动物无法反刍，造成瘤胃内 pH 下降，引起瘤胃酸中毒。全株青贮玉米的切碎长度与干物质含量有关，干物质含量低时，增加切碎长度；干物质含量高时，降低切碎长度。全株青贮玉米的适宜切碎长度为 1～2 厘米。

55 国外全株玉米青贮制作中的切碎加揉搓新工艺是怎么回事儿？

近年来，草业公司和机械设备制造为满足牧业公司的需求，在加工工艺上进行了改进，所生产的大型收割机，除了具有切碎的功能，同时增加了揉搓工艺（图4-5）。即在切碎程序后附带辊轮，再次对切碎后的全株玉米进行碾压和揉搓。这

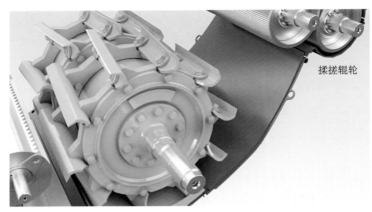

揉搓辊轮

图 4-5　玉米青贮收割机内部切割和揉搓结构
(引自 CLAAS)

种新工艺，不仅从横向对原料进行切断，而且对原料纵向进行揉搓，实现对原料物理结构的改变。物理结构被充分破坏，可对青贮发酵和动物利用发挥有益作用。该加工方式对收获时生育期较晚的原料，以及木质化程度高、纤维含量高的原料作用效果尤为明显。

图 4-5 所示，揉搓装置揉搓时两辊轮速度不同，从而实现对饲料的揉搓工艺，使青贮饲料中的硬节、秆芯及籽粒在揉搓作用下破碎均匀。

 56 制作全株玉米青贮时，有必要加入添加剂吗？

青贮发酵过程是一个动态变化过程，由有氧呼吸、厌氧发酵、稳定阶段和有氧腐败等阶段构成。要想得到优质的青贮就要缩短有氧呼吸阶段和有氧腐败的时间，因为这两个阶段是造成青贮饲料营养物质损失的主要阶段。适宜的添加剂可有效调控发酵过程。此外，在实际生产中青贮正常发酵需满足厌氧、一定糖分和适宜温度水分等要求，当不能满足这些条件时，也需要添加剂来保障青贮发酵的成功。因此，在青贮过程中加入添加剂是十分必要的。

 我国市场上常用的玉米青贮添加剂有哪些种类和作用？

我国市场上常用的玉米青贮添加剂，依据类别及所起作用的不同，主要分为以下几种。

（1）微生物添加剂

主要是乳酸菌，能加快发酵进程，快速产酸和降低 pH，有效抑制有害杂菌生长，减少蛋白质等营养物质损失，改善适口性，提升青贮饲料营养价值。

（2）酶制剂

因使用量与添加成本较高，目前推广应用范围有限。文献研究报道最常见的酶制剂是纤维素酶和半纤维素酶，能够将饲料中的纤维素降解为糖类物质，不仅为青贮乳酸菌发酵提供底物，而且有助于提高青贮饲料营养物质在瘤胃中的消化率。

（3）发酵抑制剂

最为常见的为甲酸、乙酸和丙酸等有机酸或其盐，加入青贮饲料中能够快速抑制大肠杆菌、酵母菌和霉菌等微生物的生长，但同时也会抑制乳酸菌的生长。

（4）发酵促进剂

当青贮制作原料中可溶性糖含量偏低，无法满足青贮厌氧发酵乳酸菌的生长时，糖蜜和甜菜渣是最为常用的添加剂。

58　全株玉米青贮制作时的装填和压实作业有什么要求？

玉米青贮原料的装填必须均一，并进行充分压实。玉米的茎、叶、籽实的比重各不相同，装填时容易发生分离，造成青贮设备内的原料不均一，空气不易排出，导致部分发霉。因此，在装填中必须确保原料均一，压实作业与装填同时交替进行，装填原料厚度不超过 30 厘米。小型青贮设施可采用人工踩实，大型青贮设施则可采用大型机械压实。使用机械压实时，宜采用单位面积压强较大的轮式推土机，在均匀散布原料的同时完成压实作业。重型链轨式机械（大于 20 吨）虽然接地面积大，但是单位面积压强也较大，压实效果也可。

59　青贮设施的密封作业有什么要求？

封窖前先对窖头坡面压实，再将覆盖两侧窖壁的封膜向中央折回并重叠 1 米以上，然后覆盖一层透明膜（或者阻氧膜），延伸出窖壁 50 厘米以上，上面再覆一层专用黑白膜，两边各延伸 1 米以上，黑白膜上压以轮胎等重物，黑白膜延伸长度要大于透明膜（或者阻氧膜）。每层腹膜之间用复合胶或胶带粘合，或者卷合在一起再粘合，形成密闭环境。青贮封窖时从一侧到另一侧，边压实边密封，顺风封窖效果好于逆风封窖。封窖时按照顺风方向进行压实，以排挤残留在青贮膜内的空气。

60 **全株玉米青贮贮藏过程中需要注意什么？**

青贮贮藏过程中应注意加强管理，防止人为因素、机械损伤、鼠害、鸟害等对青贮密封性的破坏，保持良好的贮藏环境；每周定期巡检，发现破损及时修补，防止动物踩踏；采取防雨措施，防止进水；增加覆盖物，防止受冻。开封取用后，应保证每天的饲喂量，并对开封截面进行必要的处理，防止有氧变质造成的损失。

61 **袋式灌装青贮技术要点有哪些？**

袋式灌装青贮根据塑料袋的容积可分为小塑料袋青贮和大塑料袋青贮两类，小塑料袋青贮又分为小袋散装青贮和小袋捆装青贮。所用塑料袋宜采用性能稳定、不易折损的厚质塑料薄膜制成，且材质对动物无害。

（1）小塑料袋青贮

小塑料袋青贮（图4-6至图4-8）制作灵活，可采用专用的青贮袋、化肥袋或无毒的农用塑料袋，每袋质量从几十千克至上百千克，专业的设备可制作1吨左右的青贮饲料。

图4-6 草捆装袋青贮　　图4-7 未抽真空的小塑料袋青贮　　图4-8 由专业设备制作的抽真空小塑料袋青贮饲料

小袋散装青贮装填时，应注意压实且原料要尽可能均匀，可配备一个抽气机，抽出袋内空气，保证原料密度，用细绳将袋口扎紧。小袋捆装青贮要求塑料袋内壁与草捆之间缝隙应尽量小，且防止划破，扎紧袋口，堆放在畜舍附近，以便使用。

（2）大塑料袋青贮

制作大塑料袋青贮（图4-9）需要专业的设备，每袋质量可达数百吨。大塑料袋青贮是由灌装机的输送器将铡好的原料送入进料斗，经进料斗喂入进料口，最后将原料装入套在灌

图 4-9　大塑料袋青贮

装口上的青贮袋内。进料速度宜保持适中，以保证原料的均匀装填。

　　无论何种形式的袋装青贮，原料含水量应控制在65%左右，以免造成袋内积水。装好后要堆积在防风、避雨、遮光、不易遭受损坏的地方，注意防止鼠害和鸟害。

 62 拉伸膜裹包青贮技术要点有哪些？

　　拉伸膜裹包青贮分为固定式和行走式两种，要求作业机具密切配套，生产环节有序合理。青贮专用塑料拉伸膜是一种很薄、具有黏性、专为裹包青贮研制的塑料拉伸回缩膜，将其放在特制的机械上裹包草捆时，这种拉伸膜会回缩，紧紧地包裹在草捆上。

　　（1）固定式拉伸膜裹包青贮

　　固定式拉伸膜裹包青贮（图4-10）制作过程包括收割、切

图 4-10　固定式拉伸膜裹包青贮

碎、运输、打捆、裹包、堆放等过程。在生产中，刈割留茬高度为 15～20 厘米，不得带入泥土等杂物，配备具有籽实破碎功能的切碎机，切碎长度为 1～2 厘米，并且玉米籽实需破碎。原料运抵裹包作业场地，喂入特制的青贮打捆机料斗，将青贮原料挤压成一定形状的草捆，草捆密度高于 650 千克／米³。打捆后要立即裹包，裸露时间不能超过 6 小时。调整裹包机转速，不可太快或太慢，不能漏包或重包，保证紧密不漏气。裹包作业时，拉伸膜层数不少于 4 层。

（2）行走式拉伸膜裹包青贮

行走式拉伸膜裹包青贮（图 4-11）制作更加方便，需要配备专用设备，一般是收割、粉碎、抛料、成型流水线作业，收割机将细切材料送入料斗，经料斗底部的传送带送入成型室，再经过高密度的压实打捆，成型后的草捆外周用网卷缠绕后排出，用后续的包裹部件或捡拾裹包机将拉伸膜包裹在草捆外面。堆放过程中注意不要划破拉伸膜，后期管理要防鼠、防鸟和防水、防晒。

图 4-11 行走式拉伸膜裹包青贮

63 地面堆贮技术要点有哪些？

　　全株玉米地面堆贮（图 4-12）应选择地下水位较低、背风向阳、土质坚实、离畜舍较近、制作和取用青贮饲料方便的地方。在不透气的平地上，堆贮地面要高出周围地面 10～20 厘米，四周挖排水沟，防鼠打洞。堆贮作业地应该铺设水泥地面，厚度 30 厘米以上，并保证排水良好。将玉米原料于含水量为 65%～70% 的蜡熟期收获，切碎长度为 1～2 厘米，宜在晴天收获和堆贮作业。切碎后的原料及时运抵作业场地，在堆贮的地面上边集堆边压实，在青贮玉米堆底部四周边缘留 1 米左右的地面作密封压实区。将堆压和成型的青贮堆用准备好的薄膜覆盖，使薄膜直接接触地面，用 30～40 厘米宽、10～15 厘米厚的河沙或专用封压袋压紧密封。在塑料薄膜上用砂袋、废旧汽车轮胎等盖压，防止鸟食、鼠害。在完成堆贮后，应定期进行检查薄膜有无破洞。地面堆贮后一般发酵 50 天，即可开封取用，取用时应从一侧打开取用，不宜整体暴露在空气中。

图 4-12　全株玉米地面堆贮

64　窖式青贮技术要点有哪些？

全株玉米窖式青贮（图 4-13），应选择地势高燥、地下水位较低的地方，用砖、石、水泥建造青贮窖。青贮窖上部略大于下部，窖壁与窖底连接处呈弧形。窖壁尽量保证光滑，窖底用砖石铺好，便于排水。青贮窖按形状可分为圆形和长方形两种，小规模养殖户一般采用长方形窖。

将玉米原料在蜡熟期收获后，在田间切短至1～2厘米，并进行籽粒破碎后，运送并投入青贮窖中（图4-13），也可将整株玉米收获后，运到青贮窖旁，切碎后投入窖内（图4-14），无论采用哪种方法，都必须保证原料均一。投入原料时，中间原料高度一般低于窖壁附近的原料高度，便于压实。压实可用大型轮胎式机械，将原料以楔形方式一层一层地压实，窖的四周一定要多压几遍，压实密度要高于700千克／米^3。最好当日装满、压实、封窖，否则需要分段封窖，以避免原料腐败。

图 4-13　将玉米原料投入青贮窖

图 4-14　将玉米原料投入青贮窖

 65　怎样避免青贮过程中的营养损失？

　　青贮过程是一个无氧发酵占优势地位的过程，需要在此过程中形成有利于乳酸菌为主导的微生物发酵环境，越快进入无氧发酵阶段，对于营养的保存就越有利。因此，关键点在于进入无氧发酵的进程速度以及能否稳定保持无氧环境。因此做好压实和密封，才能保证无氧发酵所必需的环境。在制备全株玉米青贮原料时，需切成规定长度，因为过长的节段不利于青贮饲料的压实；填装原料时要最大限度地压实原料，理论上是压实度越高越好；封闭时要尽可能排除空气，包括覆膜与原料间空气以及原料间残留空气，创造厌氧环境。必要时，还可添加青贮添加剂来帮助快速进入无氧发酵阶段。

66 **怎样避免全株玉米青贮霉变？**

全株玉米青贮中主要的有害霉菌毒素类型有黄曲霉毒素、玉米赤霉烯酮和呕吐毒素，均属于好氧类霉菌所产生的毒素。因此，发酵饲料中氧气含量直接决定这些好氧微生物所产生的霉菌毒素的含量。在实际制作青贮饲料中，需要做好各项措施来保证尽快进入并稳定在无氧发酵阶段，从而尽可能地避免有氧发酵带来的霉菌毒素的大量富集，以及由此带来的饲料霉变。具体到实际制作和管理，则首要考虑的是干物质含量、压实密度、密封程度和封窖速度等 4 个方面。

（1）干物质含量

干物质是衡量青贮饲料品质的主要指标之一，直接关系到饲料中的有效成分含量。根据全株玉米青贮的要求，干物质含量应在 30% 以上，但是也不宜过高，以免影响青贮饲料压实密度。

（2）压实密度

压实密度通常要求在 650～800 千克／米³。

（3）密封程度

密封程度直接关系无氧发酵程度，需要借助黑白膜、青贮专用袋及压实机械等设备设施来尽可能做到密封。

（4）封窖速度

封窖速度要求快速完成填充到封窖的过程，通常不超过 7 天。

五、

全株玉米青贮饲用篇

67 饲喂全株玉米青贮饲料应注意哪些事项？

全株玉米青贮饲料应达到规定的发酵时间后再取用。应从青贮窖低处开窖，避免雨水倒灌。开窖后应首先采用目视法观察饲料的品质，如有明显霉变迹象，应坚决弃用。通常，青贮窖头、窖尾和靠近窖顶上面，以及窖两侧 30 厘米的青贮饲料应主动弃用。取用时，应用取料车从上至下、从左至右（或从右至左）依次取用。取用时还应保持截面整齐，尽量减小暴露面，避免二次发酵。全株玉米青贮饲料最好采用 TMR 方式进行饲喂，这种饲喂方式可以保证饲料的营养均衡。不具备 TMR 混合技术和条件的饲养场（户），在饲喂时可以先给予青贮饲料，然后给予干草和精料。

68 怎样避免全株玉米青贮饲料二次发酵？

二次发酵（图 5-1）主要是由酵母菌和霉菌等引起：

①青贮饲料切碎时每段不可过长，以 1～2 厘米为宜。

②原料水分含量应保持在 60%～70%，压实密度要大，每立方米的质量不要少于 700 千克，即压实紧密。

③适时收割，尤其应防止玉米秆受霜冻。

④在青贮时添加含有异型发酵乳酸菌的青贮菌剂，或添加

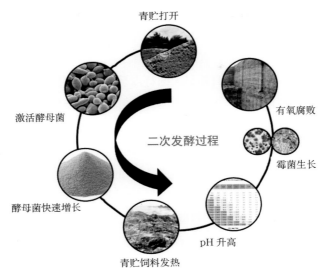

图 5-1　二次发酵过程

甲酸、丙酸等化学制剂，有助于减少腐败菌的繁殖。

此外，每次取用后，应该用塑料薄膜将青贮饲料表面盖好、压实，使之不透气，不得破坏窖的完整性和密闭性。

 为什么全株玉米青贮饲料饲喂奶牛时，宜采用全混合日粮方式？

全株玉米青贮属于新鲜、多汁饲料，水分含量高，当日粮中来自青贮饲料的水分超过50%时，奶牛的干物质采食量下降；并且，全株玉米青贮饲料酸味浓郁，动物在接触时会出现一定

73

程度的拒食现象；再加上青贮饲料在发酵过程中蛋白质大量降解，能够被有效利用的真蛋白量少，所以青贮饲料一般不能单独饲喂奶牛，宜采用全混合日粮（TMR）方式饲喂（图5-2）。

全混合日粮最大的特点是奶牛在任何时间所采食的每一口饲料其营养都是均衡的。采用全混合日粮方式饲喂有助于动物对青贮饲料的适应，增加动物对全株玉米青贮饲料的采食量，并且采用全混合日粮方式饲喂方式能够简化饲养程序，提高劳动生产效率；便于控制日粮的营养水平，改善动物的生产性能。同时，全株玉米青贮饲料酸度较低，采用全混合日粮方式饲喂可以增强瘤胃机能，维持瘤胃pH的稳定，降低奶牛发病率。

采用全混合日粮饲喂模式时，应根据奶牛营养需要，包括干物质、奶牛能量单位（或产奶净能）、蛋白质、中性洗涤纤维（NDF）、酸性洗涤纤维（ADF）、矿物质以及维生素的需要量，确定青贮的合适添加比例。此外，应选用适宜型号的制作设备、

图5-2 奶牛采食全混合日粮

配合精准的混合技术、搅拌间隔等加工模式。调节日粮的物理特性，例如颗粒的大小、均质性、适口性、味道、温度和密度。

制作全株玉米青贮饲料时，添加微生物菌剂有哪些好处？

虽然全株玉米青贮原料本身自然附着一定量的乳酸菌，但同时也存在大量的肠杆菌、酵母菌、霉菌，以及其他一些不利于青贮发酵的微生物，这些微生物多数为好氧菌。在青贮发酵初期，残留的空气会给这些有害微生物提供生存环境，造成全株玉米青贮饲料发热，干物质、蛋白质等含量下降，甚至发生霉变。向全株玉米青贮饲料中添加以乳酸菌为主的微生物菌剂，可有效促进青贮发酵，快速降低 pH，减少蛋白质等营养物质的损失，改善适口性，提升青贮饲料营养价值，防止青贮二次发酵，从而获得优质青贮饲料。此外，添加乳酸菌的青贮饲料对提高奶牛的干物质采食量及产奶量有促进作用，并能提高肉牛、肉羊的增重及肉骨比。

全株玉米青贮饲料在不同生理阶段奶牛日粮中一般饲喂量是多少？

在对青贮饲料品质进行评定后，应结合奶牛的年龄、体型、体况和生理阶段等因素，依据饲养标准，制订科学合理的日粮配方（表 5-1）。一般情况下，奶牛从 3 月龄开始饲喂青贮饲料。后备奶牛阶段刚开始饲喂青贮饲料，需有适当的适应阶段，且后备奶牛干物质采食量较低，青贮饲喂量较少；泌乳牛阶段，奶牛能量消耗大，营养物质需求丰富，青贮饲喂量较大。

表 5-1　不同生理阶段奶牛日粮中全株玉米青贮饲料饲喂量

生理阶段	饲喂量（千克／天）	日粮中比例［％，干物质（DM）］
3～6 月龄后备牛	1～5	10～20
泌乳前期	15～30	20～35
泌乳中后期	15～30	25～35
干奶牛	5～10	10～20

72 用全株玉米青贮饲料饲喂奶牛时，有哪些可参考的典型配方？

（1）奶牛各生理阶段推荐配方

泌乳前期奶牛日粮配方见表 5-2。其营养成分含量（以干物质为基础）一般为产奶净能 7.3 兆焦／千克（奶牛能量单位 2.3），粗蛋白 17.4%，中性洗涤纤维 30.2%，酸性洗涤纤维 21.4%，钙 0.85%，磷 0.47%。

表 5-2　泌乳前期奶牛日粮配方

饲料原料	比例（％）	饲料原料	比例（％）
玉米	26.0	豆粕	6.0
麸皮	5.0	棉粕	5.0

（续）

饲料原料	比例（%）	饲料原料	比例（%）
干酒糟及可溶物（DDGS）	4.0	预混料	0.5
过瘤胃脂肪	1.0	甜菜粕	2.0
膨化大豆	2.0	全株玉米青贮	25.0
大豆皮	2.0	苜蓿	10.0
食盐	0.5	羊草	9.0
全棉籽	2.0		

泌乳中后期奶牛日粮配方见表5-3。其营养成分含量（以干物质为基础）一般为产奶净能6.3兆焦／千克（奶牛能量单位2.0），粗蛋白16.8%，中性洗涤纤维35.1%，酸性洗涤纤维22.1%，钙0.76%，磷0.49%。

表5-3　泌乳中后期奶牛日粮配方

饲料原料	比例（%）	饲料原料	比例（%）
玉米	24.0	苏打	1
麸皮	5.0	食盐	0.5
豆粕	5.0	棉籽饼	6.0
菜籽粕	4.0	预混料	0.5
DDGS	5.0	全株玉米青贮	20.0
磷酸氢钙	1.0	苜蓿	15.0
石粉	0.5	羊草	12.5

青年牛日粮配方见表5-4。其营养成分含量（以干物质为基

础）一般为产奶净能 6.0 兆焦／千克（奶牛能量单位 1.9），粗蛋白 15.7%，中性洗涤纤维 36.5%，酸性洗涤纤维 21.6%，钙 0.62%，磷 0.46%。

表 5-4 青年牛日粮配方

饲料原料	比例（%）	饲料原料	比例（%）
玉米	27.0	小苏打	0.5
豆粕	7.0	菜籽粕	3.0
棉粕	4.0	预混料	0.5
小麦麸	8.2	食盐	0.3
DDGS	3.0	全株玉米青贮	20.0
磷酸氢钙	1.0	羊草	25.0
石粉	0.5		

（2）我国部分地区奶牛典型日粮配方

1）东北地区奶牛典型日粮配方

泌乳前期奶牛日粮配方见表 5-5。其营养成分含量（以干物质为基础）一般为产奶净能 6.8 兆焦／千克（奶牛能量单位 2.2），粗蛋白 16.0%，中性洗涤纤维 38.0%，酸性洗涤纤维 21.0%，钙 0.88%，磷 0.37%。

表 5-5 泌乳前期奶牛日粮配方
（产奶量 >25 千克，泌乳天数 <91 天）

饲料原料	比例（%）	饲料原料	比例（%）
玉米	24.0	豆粕	7.2
麸皮	5.0	棉粕	5.0

（续）

饲料原料	比例（%）	饲料原料	比例（%）
DDGS	5.0	预混料	0.5
磷酸氢钙	0.3	苜蓿草	10.0
石粉	0.5	全株玉米青贮	20.0
小苏打	0.5	啤酒糟	4.0
食盐	0.5	羊草	15.0
全棉籽	2.5		

泌乳中后期奶牛日粮配方见表5-6。其营养成分含量（以干物质为基础）一般为产奶净能6.3兆焦／千克（奶牛能量单位2.0），粗蛋白15.0%，中性洗涤纤维38.0%，酸性洗涤纤维21.0%，钙0.66%，磷0.34%。

表5-6　泌乳中后期奶牛日粮配方

（产奶量20～25千克，泌乳天数100～200天）

饲料原料	比例（%）	饲料原料	比例（%）
玉米	22.0	小苏打	0.5
麸皮	4.0	食盐	0.5
豆粕	4.0	胡麻粕	2.0
棉粕	4.0	预混料	0.5
DDGS	3.0	全株玉米青贮	30.0
磷酸氢钙	1.0	啤酒糟	3.0
石粉	0.5	羊草	25.0

后备奶牛日粮配方表5-7。其营养成分含量（以干物质为基础）一般为产奶净能5.6兆焦／千克（奶牛能量单位1.79），

粗蛋白 14.5%，中性洗涤纤维 46.8%，酸性洗涤纤维 28.6%，钙 0.68%，磷 0.40%。

表 5-7　后备奶牛日粮配方

饲料原料	比例（%）	饲料原料	比例（%）
玉米	22.0	食盐	0.5
豆粕	4.0	菜籽粕	2.5
棉粕	2.0	预混料	0.5
DDGS	5.0	尿素	0.5
磷酸氢钙	0.5	全株玉米青贮	30.0
石粉	0.5	玉米秸秆或干草	31.5
小苏打	0.5		

2）南方地区奶牛典型日粮配方

泌乳前期奶牛日粮配方见表 5-8。其营养成分含量（以干物质为基础）一般为产奶净能 6.6 兆焦／千克（奶牛能量单位 2.1），粗蛋白 16.0%，钙 0.84%，磷 0.37%。

表 5-8　泌乳前期奶牛日粮配方

（产奶量 >25 千克，泌乳天数 <91 天）

饲料原料	比例（%）	饲料原料	比例（%）
玉米	24.0	石粉	0.5
麸皮	4.0	食盐	0.5
豆粕	6.0	全棉籽	4.0
棉粕	5.0	预混料	0.5
苹果粕	3.0	苜蓿干草（CP > 18%）	9.0
DDGS	8.0	全株玉米青贮	20.0
磷酸氢钙	0.5	羊草	15.0

泌乳中后期奶牛日粮配方见表5-9。其营养成分含量（以干物质为基础）一般为产奶净能6.3兆焦／千克（奶牛能量单位2.0），粗蛋白14.5%，钙0.75%，磷0.34%。

表5-9 泌乳中后期奶牛日粮配方
（产奶量20千克，泌乳天数>120天）

饲料原料	比例（%）	饲料原料	比例（%）
玉米	24.0	石粉	0.5
麸皮	6.0	食盐	0.5
豆粕	3.0	预混料	0.5
棉粕	6.0	苜蓿干草（CP>15%）	5.0
DDGS	6.0	全株玉米青贮	25.0
磷酸氢钙	0.5	羊草	23.0

后备奶牛日粮配方见表5-10。其营养成分含量（以干物质为基础）一般为产奶净能5.7兆焦／千克（奶牛能量单位1.8），粗蛋白15.0%，钙0.88%，磷0.40%。

表5-10 后备奶牛日粮配方

饲料原料	比例（%）	饲料原料	比例（%）
玉米	26.0	DDGS	6.0
豆粕	4.0	磷酸氢钙	0.5
棉粕	3.0	石粉	0.5
麸皮	6.0	食盐	0.5
芝麻粕	3.0	预混料	0.5

（续）

饲料原料	比例（%）	饲料原料	比例（%）
苜蓿干草（CP>18%）	20	羊草	20.0
全株玉米青贮	10.0		

3）华北地区奶牛典型日粮配方

泌乳前期奶牛日粮配方见表 5-11。其营养成分含量（以干物质为基础）一般为产奶净能 6.9 兆焦／千克（奶牛能量单位 2.2），粗蛋白 16.5%，钙 0.91%，磷 0.37%。

表 5-11　泌乳前期奶牛日粮配方
（产奶量 >25 千克，泌乳天数 <91 天）

饲料原料	比例（%）	饲料原料	比例（%）
玉米	24.0	石粉	0.5
小麦	3.0	碳酸氢钠	0.5
膨化大豆	2.0	氧化镁	0.025
玉米蛋白粉	2.0	食盐	0.5
向日葵粕	3.0	麸皮	0.5
胡麻粕	3.0	双乙酸钠	0.025
棉籽粕	5.0	预混料	0.5
DDGS	5.0	苜蓿干草（CP > 18%）	10.0
豆粕	5.0	全株玉米青贮	20.0
糖蜜	0.5	羊草	14.45
磷酸氢钙	0.5		

泌乳中后期奶牛日粮配方见表 5-12。其营养成分含量（以

干物质为基础）一般为产奶净能 6.2 兆焦／千克（奶牛能量单位 2.0），粗蛋白 14.5%，钙 0.75%，磷 0.34%。

表 5-12　泌乳中后期奶牛日粮配方
（产奶量 20 千克，泌乳天数 100～200 天）

饲料原料	比例（%）	饲料原料	比例（%）
玉米	24.0	石粉	0.8
向日葵粕	3.0	碳酸氢钠	0.5
胡麻粕	2.0	氧化镁	0.25
棉籽粕	2.0	食盐	0.5
DDGS	5.0	硫酸钠	0.1
胚芽粕	3.0	双乙酸钠	0.15
麸皮	4.0	预混料	0.5
糖蜜	0.5	全株玉米青贮	35.0
磷酸氢钙	0.25	玉米秸秆	18.45

后备奶牛日粮配方见表 5-13。其营养成分含量（以干物质为基础）一般为产奶净能 5.9 兆焦／千克（奶牛能量单位 1.9），粗蛋白 14.0%，钙 0.63%，磷 0.41%。

表 5-13　后备奶牛日粮配方

饲料原料	比例（%）	饲料原料	比例（%）
玉米	23.0	胡麻粕	4.0
菜籽粕	6.0	DDGS	2.0
向日葵粕	3.0	磷酸氢钙	0.25
豆粕	3.0	石粉	0.75

（续）

饲料原料	比例（%）	饲料原料	比例（%）
食盐	0.5	全株玉米青贮	36.5
尿素	0.5	玉米秸秆	20.0
预混料	0.5	苜蓿干草（CP>15%）	

4）华东地区奶牛典型日粮配方

泌乳前期奶牛日粮配方见表 5-14。其营养成分含量（以干物质为基础）一般为产奶净能 6.2 兆焦／千克（奶牛能量单位 2.0），粗蛋白 16.1%，钙 0.92%，磷 0.37%。

表 5-14　泌乳前期奶牛日粮配方

（产奶量 >25 千克，泌乳天数 <91 天）

饲料原料	比例（%）	饲料原料	比例（%）
玉米	17.0	苜蓿草粉	1.0
花生粕	7.0	磷酸氢钙	0.5
豆粕	7.0	石粉	0.5
麸皮	3.0	食盐	0.5
棉粕	3.5	预混料	0.5
玉米酒精糟	1.5	苜蓿干草（CP > 18%）	10.0
小麦	3.0	啤酒糟	5.0
高粱	2.0	豆腐渣	3.0
膨化大豆	3.0	全株玉米青贮	15.0
大豆油	1.0	羊草	15.0
过瘤胃脂肪粉	1.0		

泌乳中后期奶牛日粮配方见表5-15。其营养成分含量（以干物质为基础）一般为产奶净能6.4兆焦／千克（奶牛能量单位2.04），粗蛋白15.5%，钙0.76%，磷0.34%。

表5-15　泌乳中后期奶牛日粮配方
（产奶量20千克，泌乳天数100～200天）

饲料原料	比例（%）	饲料原料	比例（%）
玉米	23.0	磷酸氢钙	0.5
花生粕	6.0	石粉	0.5
豆粕	4.0	食盐	0.5
麸皮	5.0	预混料	0.5
棉粕	5.0	花生秧	7.0
玉米白酒精糟	1.5	啤酒糟	5.0
高粱	1.5	豆腐渣	3.0
膨化大豆	1.5	全株玉米青贮	25.0
过瘤胃脂肪粉	0.5	羊草	9.0
苜蓿草粉	1.0		

后备奶牛日粮配方见表5-16。其营养成分含量（以干物质为基础）一般为产奶净能5.5兆焦／千克（奶牛能量单位1.8），粗蛋白12.9%，钙0.38%，磷0.31%。

表5-16　后备奶牛日粮配方

饲料原料	比例（%）	饲料原料	比例（%）
玉米	23.0	豆粕	5.0
花生粕	4.0	麸皮	6.5

（续）

饲料原料	比例（%）	饲料原料	比例（%）
棉粕	1.5	预混料	0.5
高粱	2.0	花生秧	5.0
磷酸氢钙	0.5	全株玉米青贮	30.0
石粉	0.5	羊草	21.0
食盐	0.5		

73 用全株玉米青贮饲料饲喂产奶牛时，每日可以产多少牛奶？

　　资料显示，大约在 1910 年青贮饲料就已经被用作奶牛的饲料，现在青贮饲料在奶牛饲养中发挥着重要作用。奶牛对全株玉米青贮饲料的采食量可达 40 千克／（头·天），而不会产生消化代谢上的异常。发酵后的全株玉米青贮可以明显改善奶牛肠道对营养物质的吸收，从而影响乳成分及产奶量。

　　研究表明，在饲养条件相同的情况下，每天饲喂全株玉米青贮饲料的奶牛比只喂干玉米秸的奶牛多产 3.64 千克牛奶。也有研究发现，与饲喂黄贮加压片玉米相比，饲喂全株玉米青贮能够显著提高采食量，并使产奶量提高约 2 千克／（头·天）。从经济效益角度来看，饲喂全株玉米青贮组比饲喂黄贮加压片玉米每天多盈收 2 元左右。同时，饲喂全株玉米青贮饲料可以改善乳成分，提高牛奶中总固形物和乳蛋白的含量。

74 全株玉米青贮饲料饲喂奶牛与普通玉米秸秆相比有哪些优势？

（1）营养含量高，适口性好，消化率高

全株玉米青贮（图5-3）经微生物厌氧发酵后适口性好，奶牛采食量高。从营养成分含量可以看出，玉米青贮在粗蛋白、粗脂肪含量上都要优于玉米秸秆（图5-4），且其中性洗涤纤维和酸性洗涤纤维含量较低，有助于奶牛消化吸收。中性洗涤可溶物即细胞内容物部分，包括脂肪、糖、淀粉、粗蛋白及其他一些可溶性维生素，还包括含量较高的矿物盐。其含量越高，营养价值也越高。

（2）减少消化系统疾病和寄生虫疾病发生

全株玉米青贮产生的酸性和厌氧环境可以杀死饲料中的有害微生物。奶牛采食全株玉米青贮饲料可以减少消化系统疾病和寄生虫疾病的发生。

图5-3 全株玉米青贮

图5-4 玉米秸秆

75 犊牛是否可以饲喂全株玉米青贮饲料？

　　青贮饲料属于发酵饲料，其酸度较高，而犊牛尤其哺乳期间犊牛瘤胃发育不健全，反刍能力弱，消化青贮饲料的能力较差，因此不建议在犊牛哺乳期间饲喂青贮饲料。断奶至3月龄的犊牛，处于饲养饲喂过渡关键期，这一时期的饲料变化不宜过大，因此一般情况下，在饲喂精料开食料的同时，会补充部分干草以满足其营养和反刍的需要。3~6月龄，犊牛各方面发育迅速，瘤胃发育逐渐健全，反刍能力较强，这一时期可以在犊牛饲料配方中适当添加少许青贮（图5-5），以帮助其适应采食青贮饲料，但是不宜过多，一般添加量为5~10千克／（头·天）。

图5-5　全株玉米青贮饲料饲喂犊牛

76 全株玉米青贮饲料适于饲喂哪个阶段的肉牛？

全株玉米青贮饲料作为优质的粗饲料，可以在肉牛饲养的各个阶段使用（图 5-6）。其中，在犊牛瘤胃功能尚未发育完全前，全株玉米青贮饲料饲喂量不宜过高；对于舍饲的后备母牛或者怀孕前期的母牛来说，其能量需要量较低，从控制饲养成本的角度考虑，全株玉米青贮饲料饲喂量也不宜过高，可以考虑使用成本较低的干草或秸秆搭配全株玉米青贮饲料使用；由于全株玉米青贮饲料有轻泻作用，因此，在产前 15 天应停止饲喂，产犊后在日粮中逐渐添加全株玉米青贮饲料；对生长期和育肥期的阉牛或公牛，其能量需要量较高，最适宜饲喂全株玉米青贮饲料。

图 5-6　全株玉米青贮饲料饲喂肉牛

77 全株玉米青贮饲料在不同生理阶段肉牛日粮中一般饲喂量是多少？

对于育犊母牛群来说，怀孕前期能量需要量较低，如进行放牧饲养，可使用营养价值较低的粗饲料（麦秸、稻秸）进行补饲；怀孕后期和哺乳期，由于母牛能量需要量提高，可适当添加全株玉米青贮饲料，每100千克体重添加量为5～7千克；犊牛可从出生后第一个月末开始饲喂全株玉米青贮饲料，饲喂量每天100～200克／头，并逐步增加至5～6月龄的8～15千克／（头·天）；生长期（架子牛）肉牛每100千克体重全株玉米青贮饲料添加量为4～5千克；育肥牛每100千克体重全株玉米青贮饲料添加量也为4～5千克。

78 用全株玉米青贮饲料饲喂肉牛时，有哪些可参考的典型配方？

早期断奶犊牛典型饲料配方见表5-17，其营养成分含量（以干物质为基础）一般为代谢能（ME）14.65兆焦／天、粗蛋白（CP）16.5%、中性洗涤纤维（NDF）43.2%、酸性洗涤纤维（ADF）34.1%、钙（Ca）0.50%和磷（P）0.37%。

表 5-17　早期断奶犊牛典型饲料配方
(引自祁兴运等，2013)

饲料原料	比例（%）	饲料原料	比例（%）
优质苜蓿草粉颗粒	15	豆粕	10
干草粉	10	糖蜜	10
全株玉米青贮	15	骨粉	2
玉米粉	37	微量元素预混料	1

生长育肥牛典型饲料配方见表 5-18，其营养成分含量（以干物质为基础）一般为 ME 14.65 兆焦／天、CP 12.00%、NDF 48.70%、ADF 32.51%、Ca 0.48% 和 P 0.35%。

表 5-18　生长育肥牛典型饲料配方（300～350 千克）

饲料原料	比例（%）	饲料原料	比例（%）
全株玉米青贮	48.0	石粉	0.5
苜蓿干草	12.0	磷酸氢钙	0.1
玉米	20.5	预混料	1.0
小麦麸	2.0	食盐	0.4
棉籽饼	15.5		

母牛典型饲料配方见表 5-19，其营养成分含量（以干物质为基础）一般为 CP 17.1%、NDF 32.6%、ADF 15.4%、淀粉 34.8%、Ca 0.58% 和 P 0.32%。

表 5-19　母牛典型饲料配方

(引自 Beauchemin 等，2005)

饲料原料	比例（%）	饲料原料	比例（%）
全株玉米青贮	41.95	糖蜜	0.68
蒸汽压片玉米	37.80	石粉	0.63
玉米蛋白粉	0.90	磷酸氢钙	0.41
菜籽粕	5.9	微量元素预混料	1.13
豆粕	9.92	豆油	0.68
黏合剂	0.14		

79 用全株玉米青贮饲料饲喂育肥牛时，日增重可达多少？

育肥牛日粮中添加全株玉米青贮饲料可保证肉牛有 1.5~2.0 千克日增重，Burken 等（2015）在夏季育肥周岁牛日粮中添加 15% 全株玉米青贮饲料和 40% 玉米酒精糟，肉牛日增重可达到 2.16 千克／天；薛丽萍等（2013）使用全株玉米青贮饲料饲喂育肥牛，每日全株玉米青贮饲料采食量为 20 千克，日增重可以达到 1.35 千克／天。

80 全株玉米青贮饲料饲喂肉牛与普通玉米秸秆饲喂相比有哪些优势？

全株玉米青贮饲料与普通玉米秸秆营养成分见表 5-20。由表可以看出，全株玉米青贮饲料在粗蛋白和能量含量方面明显优于普通玉米秸秆，并且全株玉米青贮饲料适口性好，采食量高，消化率高。由于全株玉米青贮饲料水分含量较高，切割较为均匀，因此更易制作全混合日粮，肉牛采食过程中不易出现挑食现象。另外，全株玉米青贮饲料高能量含量的特性，使其能部分替代日粮中的谷物。而对于普通玉米秸秆来说，虽然其可以为肉牛提供足够的有效纤维，但是对于替代谷物的效果不佳。

表 5-20　全株玉米青贮与普通玉米秸秆营养成分（以干物质为基础）

营养成分	全株玉米青贮	普通玉米秸秆
干物质（%）	35.1	85.0
粗蛋白（%）	8.8	5.0
总可消化养分（%）	68.8	49.0
代谢能（兆焦／千克）	9.79	7.28
泌乳净能（兆焦／千克）	6.11	4.52
维持净能（兆焦／千克）	6.57	4.60
增重净能（兆焦／千克）	4.06	1.76
中性洗涤纤维（%）	45.0	65.0
酸性洗涤纤维（%）	28.1	42.4
木质素（%）	2.6	10.0
灰分（%）	4.3	7.2

 81　利用全株玉米青贮饲料饲喂肉羊有哪些优势？

①全株玉米青贮饲料营养丰富，粗蛋白及淀粉含量较高，

供应均衡，作为优质粗饲料资源，在全价日粮中可适当降低豆粕、玉米蛋白粉等的添加。

②全株玉米青贮饲料水分可达 60%~70%，质地柔软，气味芳香，适口性好，羊只对其消化利用率较高。

③青贮的加工制作可节省饲料的调制成本，缓解季节交替带来的饲料供给不足问题，提高肉羊经济效益。

④制作工艺及保存简单，便于操作，可大大节省人力及时间。

⑤全株玉米青贮饲料可实现资源的充分利用，减少环境污染。

82 全株玉米青贮饲料在不同生理阶段的肉羊饲养中一般饲喂量是多少？

全株玉米青贮饲料淀粉含量与有效能较高，且适口性较好，但不能作为单一饲料原料直接饲喂肉羊，否则会造成营养不平衡（图 5-7 和图 5-8）。在规模化肉羊饲养场，建议与其他粗饲

图 5-7 育肥期肉羊

图 5-8 肉羊隔栏饲养

料和精料补充料制作成全混合日粮进行饲喂。育肥期羔羊，每100千克体重日喂青贮饲料量为0.4～0.6千克；成年绵羊，每100千克体重日喂青贮饲料量为4.0～5.0千克；青年母羊，每100千克体重日喂青贮饲料量为1.0～1.5千克；公羊，每100千克体重日喂青贮饲料量为1.0～1.5千克。

83 **用全株玉米青贮饲料饲喂肉羊时，有哪些可参考的典型配方？**

由于全株玉米青贮饲料淀粉含量与有效能较高，精饲料配方中可减少玉米等能量饲料的用量，而适当增加饼粕类蛋白质饲料原料，同时添加可满足肉羊生长所需的钙、磷原料，以及富含维生素和微量元素的预混料。以初始体重为20千克左右肉羊育肥为例，精料补充料建议配方为：玉米55.0%，豆粕10.0%，玉米胚芽饼11.0%，棉粕7.0%，玉米蛋白粉8.0%，石粉2.0%，食盐2.0%，磷酸氢钙1.0%，苏打1.0%，氧化镁1.0%，氯化铵1.0%，复合预混料1.0%。

在肉羊20～30千克育肥阶段，全混合日粮配方构成：50%全株玉米青贮饲料，20%苜蓿干草，30%精料补充料；在肉羊30～40千克育肥阶段，全混合日粮配方构成：45%全株玉米青贮饲料，15%苜蓿干草，40%精料补充料；在肉羊30～40千克育肥阶段，全混合日粮配方构成：37.5%全株玉米青贮饲料，12.5%苜蓿干草，50%精料补充料。

84 用全株玉米青贮饲料饲喂育肥肉羊时，日增重可达多少？

　　用全株玉米青贮饲料饲喂肉羊时，肉羊日增重受青贮饲料品质、肉羊品种、日粮配方、精粗比及饲养管理等多方面影响。全株玉米青贮饲料肉羊饲喂对比试验研究结果显示，用全株玉米青贮饲料作为粗饲料原料对肉羊进行育肥时，初始体重为20千克湖羊育肥至50千克左右出栏时，体重呈现线性增长模式，日增重可高达300克以上。相同初始体重的小尾寒羊，同样育肥至50千克左右出栏时，体重也呈现线性增长模式，平均日增重不低于250克。

85 全株玉米青贮饲料饲喂肉羊与普通玉米秸秆饲喂相比有哪些优势？

　　①全株玉米青贮饲料营养丰富，相比普通玉米秸秆，淀粉、粗蛋白及可溶性碳水化合物含量高，具有较高能值及消化率，因此在肉羊日粮配方中可适量降低玉米的含量。

　　②全株玉米青贮饲料质地柔软、气味酸香、适口性好，可提高肉羊采食量。由于其质地松软，含水量较高，切割较均匀且长度适宜，制作全混合日粮（TMR）后，可减少肉羊挑食现象，使得羊只营养摄入更加均衡。

　　③保存期长，饲喂肉羊的经济效益显著，有益于实现优质的

农业高效生产模式。

全株玉米青贮饲料与花生秧或羊草搭配饲喂肉羊效果如何？

　　花生秧（图5-9和图5-10）与羊草相比，蛋白质含量较高。当二者价格较低时，可以按1∶3比例与全株玉米青贮饲料混合后作为肉羊的粗饲料来源，不仅可以降低饲料成本，而且有利于日粮营养均衡。但生产应用时，若发现花生秧或羊草出现霉变，则不宜使用。

图5-9　新鲜花生秧

图5-10　花生秧干草

六、

全株玉米青贮
质量安全评价篇

87 影响全株玉米青贮饲料安全的四大指标是什么？

　　影响全株玉米青贮饲料安全的四大指标分别为霉菌毒素、重金属、硝酸盐和农药残留。主要涉及饲料中有毒有害物质以及微生物的限量。为保证全株玉米青贮饲料处于安全范围之内，这四大指标均需要有相应的限量值要求。霉菌毒素重点监测黄曲霉毒素、玉米赤霉烯酮、呕吐毒素。重金属需要监测砷（As）、镉（Cd）、铬（Cr）、汞（Hg）、铅（Pb）等元素的含量。国标也对饲料作出了关于亚硝酸盐的限量值要求。同样，农药残留，例如六六六、滴滴涕等也是全株玉米青贮饲料贮存和利用中需要监测的安全指标。总之，为了动物及其产品安全，应该做到严格遵守标准，加强监管，超过限量标准的饲料坚决不用。

88 什么是霉菌毒素？在玉米青贮饲料中易危害畜禽及其产品品质与安全的毒素类型有哪些？

　　霉菌毒素主要是指霉菌所产生的有毒次生代谢产物。它们可通过饲料或食品进入人和其他动物体内，引起人和其他动物的急性或慢性中毒，损害机体。已知的霉菌毒素有300多种，常见的且易造成危害的毒素有黄曲霉毒素、玉米赤霉烯酮、呕吐毒素、赭曲毒素、T-2毒素、伏马毒素。

89 霉菌毒素按照富集地点不同可以分为哪几类？为什么深翻耕地可以降低玉米植株中霉菌毒素含量？

　　青贮饲料中的霉菌毒素主要种类为黄曲霉毒素、玉米赤霉烯酮和呕吐毒素。按照富集地点不同，可以分为 2 类：①仓储过程中产生的黄曲霉毒素；②田间产生玉米赤霉烯酮和呕吐毒素。

　　田间富集的玉米赤霉烯酮和呕吐毒素，主要由于镰孢菌属、青霉菌属和麦角菌属等野外菌株产生，这些霉菌从秸秆根部开始生长，然后再转移到玉米穗等整个植株上。与深耕或混合耕作的土地相比，免耕土地上种植的玉米更易滋生这些霉菌。有研究表明，免耕土地中种植的植物呕吐毒素含量通常超过 1.2 毫克／千克，但是经过深翻后，植株中呕吐毒素含量通常仅 0.315 毫克／千克。

90 玉米青贮饲料中霉菌毒素的常用检测方法有几种？

　　由于霉菌毒素的化学结构和物理化学特性复杂，且在样品中分配不均并受基质的干扰，霉菌毒素的检测分析变得更加困难。目测法检验饲料霉变是检测霉菌毒素的重要方法之一。如果饲料和谷物发热，有轻度异味，色泽变暗，饲料结块等迹象时应考虑饲料可能霉变。菌丝体可与饲料纵横交织，形成菌丝蛛网状物，这些结构使得饲料结块。在人们肉眼所能够观察到这些菌丝网状物以前，菌丝体已经在大范围内生长繁殖，这就表明已经存在霉菌毒素。因此，饲料结块是诊断饲料霉变的最简易实用也最为常用的方法之一。另外，随着检测方法的进步，其他可以精确实验检测霉菌毒素的方法还主要包括胶体金免疫层析法、酶联免疫吸附法、光谱法、薄层色谱法、高效液相色谱法及色谱－质谱联用等方法。

91 我国《饲料卫生标准》中规定的各类饲料中黄曲霉毒素限量标准值是多少？

我国《饲料卫生标准》（GB 13078—2017）对各类饲料原料和饲料产品中的黄曲霉毒素含量有明确的规定（表6-1），青贮饲料按照分类属于其他植物性饲料原料，黄曲霉毒素限量标准值≤30微克／千克，但在实际生产中，青贮饲料中黄曲霉毒素限量标准值应控制在10微克／千克，只有这样才能保障家畜健康和畜产品安全。

表6-1　我国《饲料卫生标准》对各类饲料原料和饲料产品中黄曲霉毒素限量标准值（GB 13078—2017）

名称		限量标准值（微克／千克）
饲料原料类	玉米加工产品、花生饼（粕）	≤ 50
	其他植物性饲料原料	≤ 30

（续）

名称		限量标准值（微克／千克）
饲料产品类	仔猪、雏禽配合饲料及浓缩饲料	≤ 10
	肉用仔鸭后期、生长鸭、产蛋鸭配合饲料及浓缩饲料	≤ 15
	犊牛、羔羊精料补充料	≤ 20
	泌乳期精料补充料	≤ 10
	其他精料补充料	≤ 30
	其他配合饲料	≤ 20
	其他浓缩饲料	≤ 20

92 哪些因素可以影响全株玉米青贮中硝酸盐的含量？

长期施用化肥易造成土壤营养失调，加剧土壤 P、K 的耗竭，导致 NO_3-N 过量累积。NO_3-N 本身无毒，但被微生物还原为 NO_2^- 后，可使血液的载氧能力下降，诱发高铁血红蛋白血症，严重时可导致窒息死亡。同时，NO_3-N 还可以在体内转变成强致癌物质亚硝胺，诱发各种消化系统癌变，危害健康。有机肥在施用中会产生较多酚、醛和糖等物质以及羧基，可以对肥料中、土壤和植株中 NH_4^+ 进行有效吸附和固定，从而抑制硝化作用。因此，适量用有机肥替代部分化肥，可以降低植株中的硝酸盐含量。

全株玉米青贮饲料品质的评价方法有哪几方面？

　　全株玉米青贮饲料品质评定一般分为感官评价和理化评价两类。感官评价鉴定时可通过其色泽、气味、质地和结构等来进行评定。一般来说，优质的全株玉米青贮饲料颜色应该呈黄绿色。气味酸香，不能有腐败味道。质地和结构紧密、湿润。籽粒应该大部分被破碎。用手拿起时松散柔软，略湿润，不粘手，茎叶保持原状，容易清晰辨认和分离。理化评价需要在实验室借助分析仪器进行。测定的指标包括干物质、pH、淀粉、纤维、粗蛋白、有机酸（乙酸、丙酸、丁酸和乳酸）总量和构成比例等，用以判断发酵状态。此外，还需要借助氨态氮和总氮及其比例来评估蛋白质破坏程度。生产实际中很难全面测定以上各指标，但应该尽可能测定干物质含量和 pH。

评价全株玉米青贮饲料品质时，如何采集有代表性的样本？

　　全株玉米青贮饲料的品质评价要求样本具有代表性。一般采用九点取样法。采样时，应以青贮堆横断面为采样面。首先清除青贮堆表层 30～45 厘米的饲料。其次，再将这时料堆的上下左右边缘的 50 厘米部分排除。最后以九点法（分为上中下三层和左中右三个方向）取样（图 6-1）。具体布点为：上左、上中、上右、中左、中中、中右、下左、下中和下右。各点取样量应基本一致，总取样量不少于 2 千克，然后再以四分法获得代表性样品 500～1 000 克。

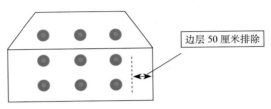

边层 50 厘米排除

图 6-1 九点法采样布点模式图

全株玉米青贮饲料的感官评价有哪些指标？

（1）色泽

品质良好的青贮饲料呈黄绿色；中等品质的青贮饲料呈黄褐色或暗褐色；品质低劣的青贮饲料多为暗色、褐色、墨褐色或黑色。

（2）气味

品质优良的青贮饲料气味酸香，不刺鼻；品质中等的青贮饲料稍有酒精味或醋味，芳香味较弱；若青贮饲料带有刺鼻臭味，则说明该饲料已变质，不能饲用。

（3）质地

品质良好的青贮饲料压得紧实，拿在手里却较松散，质地柔软，略带湿润，籽粒破碎均匀、茎叶保持良好；相反，如果青贮饲料粘成一团，质地松散，干燥粗硬，很容易见到整粒玉米籽实，则品质较差。

96 全株玉米青贮饲料的理化评价有哪些指标？

感官鉴定受评价者主观性影响较大，为更加客观、精准地鉴定青贮品质，必须采用理化评价方法，即进行实验室鉴定。实验室鉴定主要通过化学分析来判断青贮发酵情况，主要包括测定pH、氨氮含量、有机酸（乙酸、丙酸、丁酸、乳酸）含量。pH 的测定主要采用 pH 计测定青贮浸出液的 pH。青贮饲料乳酸发酵良好，pH 低；发酵不良则导致 pH 升高。有机酸含量及构成的测定可以反映青贮发酵过程及青贮品质。乳酸的测定方法较多，如蒸馏法、酶法等，但使用较多的方法为液相色谱法，而气相色谱法测定青贮乙酸、丙酸、丁酸含量较普遍；氨态氮占总氮的比例作为衡量青贮饲料发酵过程中蛋白质分解状况的指标，也可用于反映青贮饲料的发酵品质，测定方法有比色法、凯氏定氮法等。

97 全株玉米青贮饲料营养水平的评价指标有哪些？

全株玉米青贮饲料的营养价值主要取决于原料的营养价

值和发酵品质两个方面。而原料的营养成分随其成熟度而变化，一般来说，青贮玉米要在产量高、营养较为丰富的时期收获。收获过早，含水量高、干物质少、养分含量低；而收获过晚则组织木质化程度高，可消化养分含量降低。常用的评价指标主要包括干物质含量、中性洗涤纤维含量、淀粉含量。优质全株玉米青贮饲料应保证干物质含量不低于30%，干物质中中性洗涤纤维含量不高于45%，干物质中淀粉含量高于30%。有机酸总量及其构成可以反映青贮发酵过程及其青贮饲料的品质。其中，最重要的是乳酸、乙酸、丙酸和丁酸，乳酸含量应占60%~70%，原则上丁酸应为0。

98 优质全株玉米青贮饲料的发酵指标有哪些？
数值是多少？

青贮发酵指标主要有pH、有机酸（乳酸、乙酸、丙酸及丁酸）含量、氨态氮。优质全株玉米青贮饲料pH一般不高于4.2。乳酸含量应占总酸量的60%以上，并占青贮干物质的3%~8%；乙酸含量占干物质的1%~4%；丙酸含量1.5%；丁酸含量应接近0；乳酸与乙酸比应高于2：1。氨态氮含量反映青贮饲料中蛋白质的降解程度，氨态氮与总氮的比值越大，说明蛋白质降解越多，生产实践中一般为10%~15%，而优质青贮氨态氮与总氮比值应为5%~7%。

优质全株玉米青贮饲料的中性洗涤纤维（NDF）消化率一般是多少？

中性洗涤纤维（NDF）消化率受多方面因素影响，如原料品种、气候条件、收获时成熟度、刈割高度、NDF 含量、青贮的发酵质量、贮藏管理和动物自身因素（如品种、生长阶段、饲养条件）等，一般全株玉米青贮饲料 NDF 消化率为 40%~70%，优质全株玉米青贮饲料的 NDF 消化率应大于 50%。

 如何快速测定全株玉米青贮饲料的营养成分含量、发酵指标和有效能值？

青贮饲料营养成分含量的快速测定方法为近红外光谱分析法，利用傅里叶近红外光谱仪可快速测定青贮样品中养分含量及有效能值。近红外光谱分析法分析速度较快，测量过程大多可在 1 分钟内完成，并且只要有相应的软件模型，通过样品的一张光谱图就可以计算出样品的各种组成或性质数据，不必重复实验。测定前样品一般不需要预处理，不会对样品产生损坏，分析成本较低，基于众多优点，目前被广泛用于不同全株玉米青贮饲料品质现场快速比较。在全株玉米青贮饲料动物饲用实践应用中，需要注意的是，上述近红外光谱分析法测定结果仅供参考。如果作为动物日粮配方设计等应用时，实验室化学分析与体外消化率测定结果也为重要参考依据。

参考文献

曹志军，杨军香，2014．青贮制作实用技术 [M]．北京：中国农业科学技术出版社．

常建国，刘兴博，叶彤，等，2011．农业小区田间育种试验机械的现状及发展 [J]．农机化研究，33（2）：238-241．

陈丽，韩俊，王彦威，2011．青贮玉米不同部位干物质含量对中性洗涤纤维含量的影响 [J]．安徽农业科学，39（10）：5935-5936．

杜辉，樊桂菊，刘波，2002．气力式精量播种机与排种器的研究现状 [J]．农业装备技术（3）：13-14．

杜韧，张立志，2007．圆捆机成型室原理与发展趋势 [J]．农业机械（18）：78-79．

甘露，孙大明，李世柱，2008．我国大功率拖拉机配套农具的现状及发展趋势 [J]．农机化研究（4）：209-211．

郝玉兰，张秋芝，南张杰，等，2007．不同生育时期青贮玉米主要性状变化规律的研究 [J]．北京农学院学报，22（2）：6-9．

侯晓，张俊国，董佳佳，2016．秸秆打捆机研究现状及发展趋势 [J]．农村牧区机械化（2）：16-17．

胡红，张翼夫，陈婉芝，等，2016．我国玉米追肥机械发展现状与前景展望 [J]．玉米科学，24（3）：147-152．

金宏智，严海军，王永辉，2011．喷灌技术与设备在我国的适应性分析 [J]．农业工程，1（4）：42-45．

郎景波，2011．大型喷灌机技术 [J]．水利天地（6）：38-42．

李胜利，范学珊，2011．奶牛饲料与全混合日粮饲养技术 [M]．北京：中国农业出版社．

李铁楠，2013．玉米中耕除草机发展现状与机具改进 [J]．农业工程，3（4）：28-29，31.

梁欢，左福元，袁扬，等，2014. 拉伸膜裹包青贮技术研究进展 [J]. 草地学报，22（1）：16-21.

鲁殿军，2013. 玉米精密播种机械化技术 [J]. 农机使用与维修（4）：61.

孟庆翔，杨军香，2016. 全株玉米青贮制作与质量评价 [M]. 北京：中国农业科学技术出版社.

孟晓静，翟桂玉，姜慧新，2012. 牧草伸拉膜打包青贮技术 [J]. 草业与畜牧（5）：32-33.

潘金豹，张秋芝，2002. 青贮玉米的类型与评价标准 [J]. 北京农业（11）：27-28.

潘金豹，张秋芝，郝玉兰，2002. 我国青贮玉米育种的策略与目标 [J]. 玉米科学，10（4）：3-4.

祁兴运，祁兴磊，林凤鹏，等，2013. 规模母牛养殖场高效生产配套技术 [J]. 中国牛业科学，39（5）：86-89.

石德权，2008. 玉米高产新技术 [M]. 北京：金盾出版社.

武灵芝，2012. 大中型玉米秸秆青贮铡草机试验分析 [J]. 农业机械（26）：42-43.

邢蕾，董雪，姚嘉，等，2015. 玉米秸秆打捆机的研究现状及发展前景 [J]. 南方农业，9（36）：187，189.

薛丽萍，郑爱华，马平，2013. 全株玉米青贮饲料饲喂肉牛增重效果试验 [J]. 中国牛业科学，39（1）：18-20.

杨军香，曹志军，2011. 全混合日粮实用技术 [M]. 北京：中国农业科学技术出版社.

玉柱，孙启忠，2011. 饲草青贮技术 [M]. 北京：中国农业大学出版社.

张善志，曹晨华，刘忠厚，2005. 关于微、喷灌施肥装置新技术的探讨 [J]. 水利规划与设计（3）：69-72.

周恩权，2010．株间除草机械关键部件的设计及实验研究［D］．镇江：江苏大学．

周红芳，2013．农作物秸秆裹包青贮技术［J］．当代畜牧（30）：24-25．

Beauchemin K.A., Yang W.Z.,2005. Effect of physically effective fiber on intake, chewing activity, and ruminal acidosis for dairy cows fed diets based on corn silage [J]. J. Dairy Sci, 88(6)：2117-2129.

Bolsen K.K., Lin C., Brent B.E., et al., 1992. Effect of Silage Additives on the Microbial Succession and Fermentation Process of Alfalfa and Corn Silages [J] . Journal of Dairy Science，75：3066-3083.

Bureken D.B., Nuttelman B.L., Bittner C.J., et al., 2015. Feeding elevated levels of corn silage and MDGS in finishing diets [J]. Neb. Beef Cattle Rep, MP 101：66-67.

Cai Y., Benno Y., Ogawa M., et al., 1999. Effect of Applying Lactic Acid Bacteria Isolated from Forage Crops on Fermentation Characteristics and Aerobic Deterioration of Silage [J] . Journal of Dairy Science，82：520-526.

Dias G.S., Ferraretto L.F., Salvati G.G.S, et al., 2016. Relationship between processing score and kernel-fraction particle size in whole-plant corn silage [J] . Journal of Dairy Science，99(4)：2719-2729.

Hassanat F., Gervais R., Julien C., et al., 2013, Replacing alfalfa silage with corn silage in dairy cow diets：Effects on enteric methane production, ruminal fermentation, digestion, N balance, and milk production [J]. Journal of Dairy Science, 96(7)：4553-4567.

Wilkinson J.M., Bolsen K.K., Lin C.J., 2003. History of Silage [M]. Silage Science and Technology. Madison：ASA-CSSA-SSSA, WI, USA.